環境のための数学

小川 束 著

朝倉書店

まえがき

　環境問題にかかわる人には理科系の人もいれば，文科系の人もいます．それだけ環境問題は総合的な分野で，いろいろなアプローチが求められる問題なのです．本書は理系，文系を問わず，環境問題にかかわる人，かかわろうとしている人に「これだけはぜひ知っていてほしい，これだけ知っていればたいしたものだ」という数学を解説したものです．具体的に言えば，1) 指数関数，2) 対数関数，3) 微分積分法，4) 微分方程式，の4分野です．理科系の人にとってはもちろんこれ以上に高度な数学が要求される場合もあるでしょうが，それ以外の人にとっては本書で述べる事柄がきちんと理解できていれば十分といってよいのです．

　効率の点から言えば高校の教科書のように数学だけを学ぶのが早道かもしれませんが，本書では環境問題に関する例を取り上げながら，数学が使われる場面を提示しています．数学がどのように使われるかを体験しながら学んでください．公式を応用するだけの数学から一歩進んで，数理的に環境問題を見る視点を養うことが大事です．

　なお，統計処理の理論と表計算ソフトを使った実際の処理方法は大変重要ですが，今回は紙面の都合で触れていません．本書で学ぶ指数関数や微分，積分法はそれにも必要な知識です．

　2005年2月

　　　　　　　　　　　　　　　　　　　　　　　　　　　　小川　束

謝　辞

本書の執筆にあたって特に次の方々のお世話になりました．ここに記してお礼申し上げます．四日市大学環境情報学部の田中正明先生（生物分野），豊島政実先生（音響分野），松江工業高等専門学校環境・建設工学科の木村一郎先生（水圏分野），東海大学海洋学部の渡辺信先生（海洋，全般），武蔵工業大学環境情報学部の高田達雄・大谷紀子先生（全般）．

また出版に際して一方ならぬお世話をいただいた朝倉書店編集部にもお礼申し上げます．

参考図書

本書執筆に際しては以下の著作を主に参照しました．

[1] 有田正光編著『水圏の環境』東京電機大学出版局，1998年．
[2] D. バージェス，M. ボリー著，垣田髙夫，大町比佐栄訳『微分方程式で数学モデルを作ろう』日本評論社，1990年．
[3] M. ブラウン著，一樂重雄，河原正治，河原雅子他訳『微分方程式』（上）シェプリンガー・フェアラーク東京，2001年．
[4] 御代川貴久夫著『環境科学の基礎』培風館，1997年．
[5] 森田　栄著『新版 騒音と騒音防止』（第3版）オーム社，1991年．
[6] 渡邊精一著『海の集団生物学』成山堂書店，2003年．

目　次

1. 関数とグラフ …………………………………………… 1
   1.1　式の計算 …………………………………………… 2
   1.2　関数とグラフ ……………………………………… 3
   1.3　直線の式とグラフ ………………………………… 4
   1.4　放物線の式とグラフ ……………………………… 5
   　　コラム1：数の分類 ………………………………… 6

2. 指 数 関 数 ……………………………………………… 7
   2.1　指　　数 …………………………………………… 8
   2.2　環境問題によく現れる単位 ppm ………………… 10
   2.3　モル濃度と水素イオン濃度 ……………………… 12
   2.4　一般の指数 ………………………………………… 14
   2.5　指 数 法 則 ………………………………………… 16
   2.6　指数関数 (1) ……………………………………… 18
   2.7　指数関数 (2) ……………………………………… 20
   2.8　ネーピアの数 ……………………………………… 22
   2.9　生物化学的酸素要求量 …………………………… 24
   2.10　放射性同位体の核壊変 …………………………… 26
   2.11　少し複雑な式——光合成の早さ，正規分布，懸垂曲線 ……… 28
   　　コラム2：単位に付く接頭辞 ……………………… 30
   　　コラム3：ギリシア文字 …………………………… 30

3. 対数関数 ……………………………………………………… 31
  3.1 常用対数 …………………………………………………… 32
  3.2 pH, マグニチュード ……………………………………… 34
  3.3 対数グラフ (1) …………………………………………… 36
  3.4 対数グラフ (2) …………………………………………… 38
  3.5 対数法則 …………………………………………………… 40
  3.6 対数の計算 ………………………………………………… 42
  3.7 騒音レベル ………………………………………………… 44
  3.8 自然対数と一般の対数 …………………………………… 46
  3.9 生物の多様度 ……………………………………………… 48
  3.10 常用対数表 ………………………………………………… 50
     コラム4：和を表す記号 Σ ………………………………… 54

4. 微　分 …………………………………………………………… 55
  4.1 ネーピアの数再論 ………………………………………… 56
  4.2 微分係数と導関数 ………………………………………… 58
  4.3 指数関数と対数関数の導関数, 逆関数の導関数 ……… 60
  4.4 微分の基本公式 (1) ……………………………………… 62
  4.5 微分の基本公式 (2) ……………………………………… 64
  4.6 微分の基本公式 (3) ……………………………………… 66
  4.7 関数の増減とグラフ ……………………………………… 68
  4.8 第2次導関数とグラフの凹凸, 変曲点 ………………… 70
  4.9 合成関数の微分法 ………………………………………… 72
  4.10 炭素14による年代測定法 ……………………………… 74
  4.11 対数微分法 ………………………………………………… 76
  4.12 スティールの式のグラフ ………………………………… 78
     コラム5：公式のあてはめ方 ……………………………… 80

5. 積　分 …………………………………………………………… 81
  5.1 不定積分の定義 …………………………………………… 82

5.2　不定積分の基本公式 ………………………………… 84
　5.3　定積分の定義と基本公式 …………………………… 86
　5.4　定積分の上下端 ………………………………………… 88
　5.5　定積分と面積 …………………………………………… 90
　5.6　一般の面積（1）………………………………………… 92
　5.7　一般の面積（2）………………………………………… 94
　5.8　部分積分法と置換積分法 …………………………… 96
　5.9　テイラーの公式 ………………………………………… 98
　5.10　マクローリンの公式 ………………………………… 100
　　コラム6：絶対値と $y=\log|x|$ の導関数 …………… 102

6. 微分方程式 …………………………………………………… 103
　6.1　微分方程式と解 ………………………………………… 104
　6.2　変数分離型の微分方程式 …………………………… 106
　6.3　BOD ……………………………………………………… 108
　6.4　核の壊変現象 …………………………………………… 110
　6.5　マルサスの成長モデル ……………………………… 112
　6.6　ロジスティック方程式（1）………………………… 114
　6.7　ロジスティック方程式（2）………………………… 116
　6.8　MSYと資源の管理，とくに鯨の捕獲枠 ………… 118
　6.9　ロジスティック方程式の拡張 ……………………… 120
　6.10　1階線形微分方程式 ………………………………… 122
　　コラム7：1階線形微分方程式の別解 ……………… 124

7. 問題の解答と説明 ………………………………………… 125

索　引 ……………………………………………………………… 149

1

関数とグラフ

　本章の読み方　この本に出てくる関数の主役は指数関数と対数関数ですが，その前に式の計算，関数とグラフ，直線，放物線について簡単に復習をします．復習が不要な読者は本章を飛ばして，第 2 章から読み始めてください．

　ポイント 1. 式の計算　1.1 節では式の展開公式と因数分解の公式を復習します．因数分解の公式は展開公式を左右逆に見たものです．これらは式の計算の基本ですから，みなさんは中学校や高校で多くの練習問題を解いているはずです．ここでは少しだけ問題を出しておきます．

　ポイント 2. 関数とグラフ　1.2 節では関数とグラフの基本を復習します．関数とは何か，関数の値の計算とはどういうことか，関数のグラフとは何か，理解できていますか？

　ポイント 3. 一次関数とグラフ　1.3 節では直線（一次関数）の式とグラフについて復習します．直線の傾きという考え方がもっとも重要です．この機会にもう一度よく理解してください．

　ポイント 4. 二次関数とグラフ　1.4 節は放物線（二次関数）の式とグラフについて復習します．放物線では頂点がもっとも重要です．

1.1 式 の 計 算

A．分配法則 数学にはいろいろな計算がでてきますが，まずつぎの分配法則を思い出してください．

$$a(b+c) = ab + ac$$

この法則はつぎの展開公式の証明に使われますが，この法則を使えば

$$\frac{6x-1}{3} = \frac{1}{3} \times (6x-1) = \frac{1}{3} \times 6x - \frac{1}{3} \times 1 = 2x - \frac{1}{3}$$

というような分数の計算もできます．

B．展開公式 つぎの公式は**展開公式**と呼ばれるものです．

(1) $(a \pm b)^2 = a^2 \pm 2ab + b^2$
(2) $(a \pm b)^3 = a^3 \pm 3a^2b + 3ab^2 \pm b^3$
(3) $(a+b)(a-b) = a^2 - b^2$
(4) $(ax+b)(cx+d) = acx^2 + (ad+bc)x + bd$
(5) $(a \pm b)(a^2 \mp ab + b^2) = a^3 \pm b^3$

C．因数分解の公式 与えられた式を積の形に書くことを**因数分解**といいます．上の分配法則や展開公式を右から左に読んだのが因数分解の公式です．

問 題

問題 1.1 展開公式の (4) を証明してください．

問題 1.2 次の式を展開してください．
　(1) $(2a+1)(3a-2)$　　(2) $(x+3)(x-3)$　　(3) $(x-2y)^2$

問題 1.3 次の式を因数分解してください．
　(1) $x^2 + 4x - 5$　　(2) $x^3 + 8y^3$　　(3) $x^3 - 3x^2 + 3x - 1$

1.2 関数とグラフ

A．関数 「関数 $y = f(x)$」と書いたら，変数 y の値が変数 x の値によって決まり，その決まりに f という名前をつけたということです．具体的にどのような決まりなのかは，$f(x) = x^2 + 1$ というように具体的に指示されてはじめてわかります．このときには $f(x)$ を省いて $y = x^2 + 1$ というように書くのが普通です．関数 $y = f(x)$ の $x = 1$ のときの値は $f(1)$ と書かれます．たとえば，$f(x) = x^2 + 1$ なら $f(1) = 1^2 + 1 = 2$ です．

B．関数のグラフ 関数 $y = f(x)$ が与えられたとき，x と y の関係を視覚的にみる方法が**グラフ**です．関数 $y = f(x)$ のグラフとは x とそのときの y の値の組 (x, y) 全部を座標平面上に点として表示したものです．たとえば $f(x) = x^2 + 1$ のとき，コンピュータを使ってグラフを描かせると，図 1.1 のようになります．$x = 2$ のとき $y = 5$ ですから，グラフに点 $(2, 5)$ の位置を示しておきました．

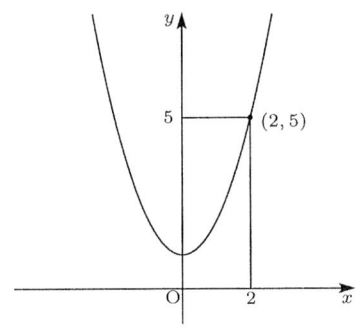

図 1.1 $y = x^2 + 1$ のグラフ

問題

問題 1.4 $f(x) = x^2 + 1$ のときつぎの値を求めてください．
(1) $f(-1)$ (2) $f(2)$ (3) $f(-2)$ (4) $f(0)$

1.3 直線の式とグラフ

x の一次式で表される関数,すなわち

$$y = ax + b$$

を **一次関数** といいます.この一次関数のグラフは図 1.2 のように,**y 切片** が b で **傾き** が a の直線です.y 切片とは直線が y 軸と交わる点の y 座標のことです.また,傾きというのは x が 1 増えたときに y が増える量のことです.$a = 0$ のときは $y = b$ となり,x の値に関わらず $y = b$ となりますから,この直線は x 軸に平行です.

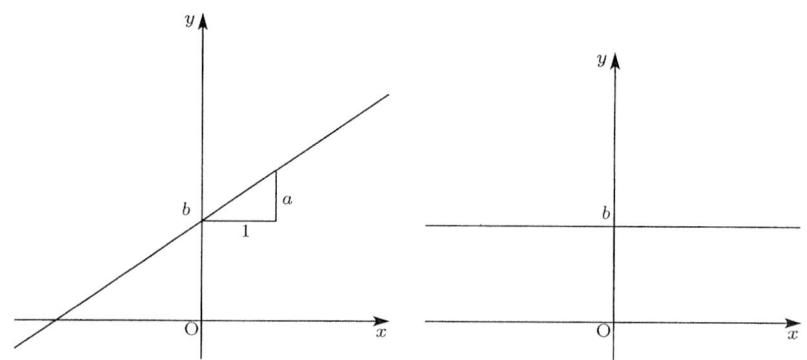

図 1.2 $y = ax + b$ のグラフ(左)と $y = b$ のグラフ(右)

問 題

問題 1.5 次の関数のグラフを描いてください.
 (1) $y = x$ (2) $y = 2x + 1$ (3) $y = 2x - 3$ (4) $y = -2x + 4$

問題 1.6 一次関数 $y = ax + b$ で x が 1 増えると,y が a 増えるのはなぜでしょうか,説明してください.

1.4　放物線の式とグラフ

y が x の二次式
$$y = ax^2 + bx + c, \quad a \neq 0$$
で表される関数を**二次関数**といいます．二次関数は変形をしてかならず
$$y = a(x-p)^2 + q$$
の形にすることができます．このとき，この関数のグラフは頂点が (p, q) で
$$\begin{cases} a > 0 \text{ なら} & \text{下に凸} \\ a < 0 \text{ なら} & \text{上に凸} \end{cases}$$
の**放物線**です．質点を投げたときの軌跡が $a < 0$ のときのグラフで表されることから放物線と呼ばれるのです．

　関数 $y = a(x-p)^2 + q$ のグラフは，$y = ax$ のグラフを右に p, 上に q だけ移動したグラフです．

問　題

問題 1.7　二次関数 $y = ax^2 + bx + c \ (a \neq 0)$ を $y = a(x-p)^2 + q$ の形に変形してください．

問題 1.8　関数 $y = a(x-p)^2 + q$ のグラフは，$y = ax$ のグラフを右に p, 上に q だけ移動したものであることを説明してください．

問題 1.9　次の二次関数のグラフを描いてください．
　(1) $y = x^2$　　(2) $y = (x-3)^2$　　(3) $y = x^2 - 6x + 7$
　(4) $y = -x^2 + 2x + 1$

コラム1：数の分類

座標軸上の点で表される数を**実数**といいます．実数のうち，1, 2, 3, … という数を**自然数**といいます．自然数と 0 と $-1, -2, -3, \cdots$ をあわせたもの，すなわち $\cdots, -3, -2, -1, 0, 1, 2, 3, \cdots$ を**整数**といいます．

また，分数の形に書ける実数を**有理数**といいます．整数 m は $\frac{m}{1}$ というように分数の形に書けますから有理数です．一方，実数の中には $\sqrt{2}$ や $\sqrt{3}$ などのように分数の形に書けない数もあります．このような有理数以外の実数を**無理数**といいます．

$$\text{実数}\cdots\begin{cases} \text{有理数}\cdots\text{分数の形に書けるもの} \\ \text{無理数}\cdots\text{分数の形に書けないもの} \end{cases}$$

ところで，有理数 $\frac{m}{n}$ を実際に割り算をして小数表示にしてみると，$\frac{20}{4}=5$, $\frac{20}{8}=2.5$ というように割り切れる場合と，$\frac{20}{7}=2.857142\cdots$ というように割り切れない場合があることがわかります．小数第何位かで終わる小数を**有限小数**，数字が無限に続く小数を**無限小数**といいます．割り切れない有理数を小数表示したときには無限小数となりますが，このときにはかならず同じ数字の列が繰り返されます．たとえば，$\frac{20}{7}$ の場合，筆算の割り算を思い出せば 7 で割った余りは 1 から 6 までのいずれかですから，いつか同じ余りが出てきて，そこからあとの割り算は前の割り算の繰り返しとなるのです．実際に計算すると $\frac{20}{7}=2.857142857142857142\cdots$ というように 857142 が繰り返されます．このような一定の数字が繰り返される小数を**循環小数**といいます．有理数は整数か有限小数か循環小数になります．

逆に整数や有限小数や循環小数は必ず分数の形に書くことができます．実際，整数や有限小数が分数の形にかけることは明らかです．また，たとえば $x=0.272727\cdots$ という 27 が繰り返される循環小数なら，$100x=27.2727\cdots$ ですから $100x-x=27$ となります（小数部分がちょうど消えてしまいます）．これは $99x=27$ ということですから，$x=\frac{27}{99}$ となり，分数の形に書くことができました．

このようにして，有理数とは整数か有限小数か循環小数のことであることがわかりました．したがって無理数とは循環しない無限小数ということができます．たとえば $\sqrt{2}=1.41421356\cdots$ には循環する部分がありません．$\sqrt{2}$ のほかにも円周率 $\pi=3.14159265\cdots$ など，無理数はたくさんあります．

$$\text{実数}\cdots\begin{cases} \text{有理数}\cdots\text{整数か有限小数か循環小数} \\ \text{無理数}\cdots\text{循環しない無限小数} \end{cases}$$

2

指 数 関 数

本章の読み方 本章はいろいろな例を見ながら指数関数について学びます．もっとも重要な節は2.4節と2.8節です．数学的な定義や法則は少ししかありませんが，それらを確実に覚えて忘れないことが重要です．

ポイント1．指数の拡張 2.1節から2.4節で一般の指数について学びます．自然数 1, 2, 3, ⋯ の指数は常識的ですが，0, −1, −2, ⋯ を含む整数の指数，さらには $\frac{1}{2}$, $\frac{2}{3}$ など分数の指数の定義を覚えてください．

ポイント2．指数法則 2.5節では指数法則について学びます．これはいろいろな指数を含む式の計算するときの基本となるものですから，何度も紙に書いて覚えてください．

ポイント3．指数関数とグラフ 2.6節と2.7節で指数関数とそのグラフについて学びます．2.6節は増加する場合，2.7節は減少する場合を扱います．

ポイント4．ネーピアの数 2.8節ではネーピアの数 e を覚えます．ネーピアの数は環境問題を数理的に扱うときによく出てくる定数です．なぜそのような値になるのか4.1節で述べますので，ここではそのような定数があることを覚えてください．急に変な数が出てきたと感じる読者はまず本文を繰り返して読んでみてください．ネーピアの数は2.9節以下の例ですぐに出てきます．

本章にはたくさんの例が取り上げられています．一覧すると，(1) 大気の組成 (2.1節)，(2) ppm (2.2節)，(3) モル濃度と水素イオン濃度 (2.3節)，(4) リチャードソンの 4/3 乗則 (2.4節)，(5) 生物化学的酸素要求量 BOD (2.9節)，(6) 放射性同位体の核壊変 (2.10節)，(7) 光合成の速度と温度 (2.11節) などです．これらの例とともに，指数関数についての理解を深めてください．

2.1 指　　　数

次の表 2.1 を見てください．これは人間の活動によって汚染されていない理想的な空気の組成を推定した表です．

表 2.1　汚染されていない大気の組成[4]

成分	濃度 (体積 %)	大気中の全重量 (トン)
窒素 (N_2)	78.09	3.85×10^{15}
酸素 (O_2)	20.94	1.18×10^{15}
アルゴン (Ar)	0.93	6.5×10^{13}
二酸化炭素 (CO_2)	0.0318	2.5×10^{12}
ネオン (Ne)	1.8×10^{-3}	6.4×10^{10}
ヘリウム (He)	5.2×10^{-4}	3.7×10^{9}
メタン (CH_4)	1.3×10^{-4}	3.7×10^{9}
クリプトン (Kr)	1×10^{-4}	1.5×10^{10}
水素 (H_2)	5×10^{-5}	1.8×10^{8}
一酸化二窒素 (N_2O)	2.5×10^{-5}	1.9×10^{9}
一酸化炭素 (CO)	1×10^{-5}	5×10^{8}
オゾン (O_3)	2×10^{-6}	2×10^{8}
アンモニア (NH_3)	1×10^{-6}	3×10^{7}
二酸化窒素 (NO_2)	1×10^{-7}	8×10^{6}
二酸化イオウ (SO_2)	2×10^{-8}	2×10^{6}

この表の右の列には 10^{15} というような式が並んでいます．これを 10 の**累乗**といい，15 を**指数**といいます．10^{15} は「10 の 15 乗」と読みます．$10^{15} = 1\underline{000000000000000}$ です．この書き方は大きい数を表すときによく
　　　　　　　　　　　15 個
用いられます．大きい数の場合，下の方の桁の数値はあまり重要でないことが多く，そのような場合，どのくらいの桁数の数値かすぐわかるこの書き方が役立ちます．

たとえば窒素の全重量は

$$3.85 \times 10^{15} = 3850000000000000 \text{ トン}$$

です．これは 3850 兆トンですが，3850000000000000 と書かれてもすぐには読めませんし，書くのに長い場所が必要です．

逆に小さい数の場合は 10^{-3} というように負の指数を使って累乗を表します．表の真ん中の列に負の指数がたくさん現れています．

$$10^{-3} = \frac{1}{10^3} = 0.001$$

です．10^{-3} は「10 の -3 乗」と読みます．

たとえばネオンの濃度は

$$1.8 \times 10^{-3} = 0.0018\ \%$$

です．負の指数の場合，小数点以下に 0 が何個並ぶのかはっきりしない読者はこの機会に注意して確認してください．10^{-1} をかけると小数点が左へ 1 個移動します．

問　題

問題 2.1　窒素と酸素の濃度の和を求めてください．(この問題は指数とは関係がありませんが，参考までに出しておきました．)

問題 2.2　この表では窒素，酸素，アルゴン，二酸化炭素の濃度の部分だけが 10 の累乗を用いた形になっていません．そこで，これらを 10 の累乗を用いた形に書き直してください．

問題 2.3　クリプトンの濃度と水素の濃度では，どちらが高いでしょうか．

問題 2.4　メタンの重量とクリプトンの重量では，どちらが重いでしょうか．

問題 2.5　この表はどういう順序でならべたものでしょうか．

2.2 環境問題によく現れる単位 ppm

ppm というのは parts per million の略で，ある量が全体の百万分のいくつ含まれるかを示す濃度の単位です．気体の場合は体積比，その他の場合は重量比を用いますが，いずれの場合も

$$1\text{ppm} = 1 \times 10^{-6}$$

です．これは非常に小さい濃度を表すために用いられる単位で，環境問題ではよく出てくる単位です．

たとえば，大気中の二酸化硫黄（いおう）SO_2 の濃度が 1ppm というのは，10^6 cm^3（＝ 1m^3）中に二酸化硫黄が 1 cm^3 含まれているということです．

例 2.1 二酸化硫黄濃度の環境基準は，1 時間値の 1 日平均値が 0.04 ppm 以下であり，かつ 1 時間値が 0.01 ppm 以下である．

二酸化硫黄濃度が 0.04 ppm とは，10^6 cm^3（＝ 1m^3）中に二酸化硫黄が 0.04 cm^3 含まれているということです．0.04 cm^3 は一辺が約 3.4mm の立方体の体積です（電卓で計算してみてください）．また 0.01 ppm とは 1 m^3 中に 0.01 cm^3 含まれているといういうことで，これは一辺が約 0.22 cm（2.2 mm）の立方体の体積です．

水溶液の場合，水 1kg に物質 1mg が含まれているとき

$$\frac{1\,\text{mg}}{1\,\text{kg}} = \frac{0.001\,\text{g}}{1000\,\text{g}} = \frac{1}{1000000} = 10^{-6}$$

となり，ちょうど 1ppm となります．ここで真ん中の等号は $\frac{0.001}{1000}$ の分母と分子をともに 1000 倍すればわかります．

水は 4°C のとき 1cc がほぼ 1g なので，水 1000 ℓ がほぼ 1kg です．そこで，水 1000 ℓ 中の物質の mg 数で ppm を表すこともあります．

100 分の 1（10^{-2}）単位ではかることを百分率（記号は %）というのにあわ

せて，ppm を **百万分率**（‰ と書くこともあります）ともいいます．このような単位はほかにもありますので，それを表 2.2 にまとめておきます．

表 2.2 小さな単位

名称	単位	記号
百分率	1×10^{-2}	%
千分率	1×10^{-3}	‰
百万分率	1×10^{-6}	ppm
十億分率	1×10^{-9}	ppb
一兆分率	1×10^{-12}	ppt
千兆分率	1×10^{-15}	ppq

問 題

問題 2.6

(1) 1ppm は百分率にすると何％にあたるでしょうか．

(2) ある地点での硫黄酸化物 SO_x の濃度が 0.031 ppm だったというとき，この濃度は百分率にすると何％にあたるでしょうか．

問題 2.7（クイズ） つぎの文章は下のどの物質についての環境基準でしょうか．

(1) 1 時間値の 1 日平均値が 10ppm 以下であり，かつ，1 時間値の 8 時間平均値が 20ppm 以下であること．

(2) 1 時間値の 1 日平均値が 0.10 mg/m^3 以下であり，かつ，1 時間値が 0.20mg/m^3 以下であること．

(3) 1 時間値の 1 日平均値が 0.04 ppm から 0.06 ppm までのゾーン内またはそれ以下であること．

(4) 1 時間値が 0.06 ppm 以下であること．

  a. 二酸化窒素（NO$_2$） b. 一酸化炭素（CO）
  c. 浮遊粒子状物質（SPM） d. 光化学オキシダント（Oxydants）

2.3 モル濃度と水素イオン濃度

原子や分子などを扱う場合には,6×10^{23} 個のことを 1 モルといいます.12 個で 1 ダースというのと同じです.0°C, 1 気圧のとき,気体 $22.4\,\ell$ (正確には $22.4136\,\ell$) には気体の種類によらず 6×10^{23} 個の気体分子が含まれています (アボガドロの法則).6×10^{23} を**アボガドロ数**といいます.アボガドロ (Avogadro, A. 1776–1856) はイタリアの物理学者です.

原子 1 モルのグラム数をその原子の**原子量**,分子 1 モルのグラム数をその分子の**分子量**といいます.水素の原子量は約 1,炭素の原子量は約 12,酸素の原子量は約 16 です.また,二酸化炭素 CO_2 の分子量は $12 + 16 \times 2 = 44$ です.

さて,濃度を表すには,溶液 100g 中に溶けている物質のグラム数で表すパーセント濃度 (%) のほかに,溶液 $1\,\ell$ 中に溶けている物質のモル数で表す**モル濃度**もよく使われます.モル濃度の単位はモル $/\ell$ です.

例 2.2 水の中では水の分子のごく一部が水素イオン H^+ と水酸イオン OH^- とに分かれている (**電離**しているという).正確にいうと

$$H_2O \rightleftharpoons H^+ + OH^-$$

という状態にある.すなわち右向きの電離,左向きの**イオン反応**が同時に起こっていて,全体としては反応が停止したように見える (**電離平衡**という).

このとき,水素イオンと水酸イオンそれぞれのモル濃度を $[H^+]$, $[OH^-]$ で表すと,その積は 25°C ではつねに約 1×10^{-14} であるが知られている.すなわち

$$[H^+][OH^-] = 10^{-14}.$$

水溶液は $[H^+] > [OH^-]$ のとき**酸性**,$[H^+] < [OH^-]$ のとき**アルカリ性**,$[H^+] = [OH^-]$ のとき**中性**という.

$$10^{-14} = \frac{1}{10^{14}} = \frac{1}{10^7} \times \frac{1}{10^7} = 10^{-7} \times 10^{-7}$$

ですから，中性の水溶液では $[\mathrm{H^+}] = [\mathrm{OH^-}] = 10^{-7}$ です．水素イオンのモル濃度 $[\mathrm{H^+}]$ を基準にしていえば，

$$\begin{cases} [\mathrm{H^+}] > 10^{-7} \text{ なら酸性} \\ [\mathrm{H^+}] = 10^{-7} \text{ なら中性} \\ [\mathrm{H^+}] < 10^{-7} \text{ ならアルカリ性} \end{cases}$$

ということになります．水素イオンのモル濃度の常用対数にマイナスをつけたものが **pH**（ピー・エイチ，水素指数，水素イオン濃度）と呼ばれる指標ですが，これについては3.2節で述べます．

　アルカリの語源はアラビア語で，アルは冠詞，カリは灰という意味です．植物の灰はアルカリ性を示します．

問　題

問題 2.8　体積が $22.4\,\ell$ の球の直径はどのくらいでしょうか．

問題 2.9
　（1）二酸化炭素11gは何モルでしょうか．また0°C，1気圧のとき何 ℓ でしょうか．
　（2）1モル濃度の食塩水を $1\,\ell$ 作るには何グラムの食塩を溶かせばよいでしょうか．ただし，ナトリウム Na の分子量は22.990，塩素 Cl の分子量は35.443 です．

問題 2.10　メタン $\mathrm{CH_4}$ が燃えると，つぎのように二酸化炭素 $\mathrm{CO_2}$ と水 $\mathrm{H_2O}$ になります．

$$\mathrm{CH_4 + 2O_2 \longrightarrow CO_2 + 2H_2O}$$

メタン10gを燃やすと何gの二酸化炭素ができるでしょうか．

2.4 一般の指数

前節までは 10^{-3}, 10^{-2}, 10^{-1}, 10^1, 10^2, 10^3 というような累乗ばかりでしたが，本節では 3^0, $3^{4/3}$, $3^{-2/3}$ というような一般の累乗を定義します．

a を正の数とするとき，まず有理数（6 ページのコラム 1 を見てください）の指数を定義します．定義は四つあります．m を自然数，n を整数とするとき，

$$(1)\ a^m = \underbrace{a \times a \times \cdots \times a}_{m\ 個}, \quad (2)\ a^0 = 1, \quad (3)\ a^{-m} = \frac{1}{a^m},$$
$$(4)\ a^{n/m} = \sqrt[m]{a^n}$$

(1) から (3) で整数の指数がすべて定義されたことになり，(4) で分数の形の指数が定義されたことになります．ここで $\sqrt[m]{}$ は m 乗根を表す記号です．すなわち $\sqrt[m]{A}$ は「m 回かけて A となる数のうち正のもの」のことです（「m 乗根 A」と読みます）．たとえば，2 回かけて 4 になる数は 2 と -2 ですから $\sqrt[2]{4} = 2$ です．普通 $\sqrt[2]{}$ の 2 は省略して単に $\sqrt{}$ と書きます．また，3 回かけて 27 になる数は 3 ですから，$\sqrt[3]{27} = 3$ です．なお，$\sqrt[3]{7}$（すなわち 3 回かけて 7 になる数）などのように結果が無理数になることもあります．

定義の (4) について注意をしておきます．たとえば $4^{-\frac{1}{2}}$ は $4^{\frac{-1}{2}}$ と同じですから，上の定義の (4) に当てはめることができ，$\sqrt[2]{4^{-1}}$ となります．定義では m は自然数，n は整数となっていますから，$-\frac{1}{2}$ はそのままでは $\frac{n}{m}$ に当てはまりませんが，$\frac{-1}{2}$ と変形すれば当てはめることができるのです．

例 2.3

(1) $2^3 = 8$ (2) $3^0 = 1$

(3) $3^{-2} = \dfrac{1}{3^2} = \dfrac{1}{9}$ (4) $3^{-1} = \dfrac{1}{3}$

(5) $4^{1/2} = \sqrt{4} = 2$ (6) $4^{-1/2} = 4^{\frac{-1}{2}} = \sqrt{4^{-1}} = \sqrt{\dfrac{1}{4}} = \dfrac{1}{2}$

(7) $8^{2/3} = \sqrt[3]{8^2} = \sqrt[3]{64} = 4$ (8) $8^{-2/3} = \sqrt[3]{8^{-2}} = \sqrt[3]{\dfrac{1}{8^2}} = \sqrt[3]{\dfrac{1}{64}} = \dfrac{1}{4}$

2.4 一般の指数

例 2.4 海洋の水平拡散係数 K (cm^2/s) は，拡がり幅を Y (cm) とすると，ほぼ $K = 0.01Y^{4/3}$ となることが知られています．これをリチャードソンの**4/3（3分の4）乗則**といいます．たとえば，海面上に Y cm 広がった油膜があるとすると，この油膜は毎秒 $0.01Y^{4/3}$ cm^2 の速さで広がっています．

つぎに正の数 a の無理数乗を定義しましょう．たとえば $a^{\sqrt{3}}$ は $\sqrt{3} = 1.7320508\cdots$ より，$a^1, a^{1.7}, a^{1.73}, a^{1.732}, \cdots$ というように順に計算していったとき近づく値のこととします．これらは $a^{1.7} = a^{17/10} = \sqrt[10]{a^{17}}$，$a^{1.73} = a^{173/100} = \sqrt[100]{a^{173}}$，$a^{1.732} = a^{1732/1000} = \sqrt[1000]{a^{1732}}, \cdots$ というように計算されます．

こうして，すべての実数 x に対して a^x が定義されました．

問 題

問題 2.11 次の値を求めてください．
(1) 3^0 (2) $(2.5^0)^4$ (3) 2^{-3} (4) $\left(\dfrac{2}{3}\right)^{-3}$

問題 2.12 つぎの値を求めてください．
(1) $\sqrt{9}$ (2) $\sqrt[3]{8}$ (3) $\sqrt[3]{27}$ (4) $\sqrt[4]{16}$
(5) $-\sqrt{2\dfrac{1}{4}}$ (6) $\sqrt[3]{0.001}$ (7) $\sqrt[4]{5\dfrac{1}{16}}$

問題 2.13 つぎの式の値を求めてください．
(1) $27^{1/3}$ (2) $8^{2/3}$ (3) $32^{0.4}$ (4) $1000^{2/3}$
(5) $27^{-1/3}$ (6) $8^{-2/3}$ (7) $32^{-0.4}$ (8) $100^{-1/2}$

問題 2.14 次の n 乗根を分数の指数を用いて書いてください．
(1) $\sqrt[3]{5^2}$ (2) $\sqrt[5]{3^{-7}}$ (3) $\sqrt[4]{3}$ (4) $\sqrt{5^3}$

2.5 指数法則

a を正の数, x, y を実数とするとき, 次の**指数法則**が成り立ちます.

> (1) $a^x a^y = a^{x+y}$ (掛け算は足し算に)
>
> (2) $a^x \div a^y = \dfrac{a^x}{a^y} = a^{x-y}$ (割り算は引き算に)
>
> (3) $(a^x)^y = a^{xy}$ (累乗の累乗は掛け算に)

たとえば $x = 5$, $y = 3$ とすると,

(1) $a^5 a^3 = (a \times a \times a \times a \times a) \times (a \times a \times a) = a^8 = a^{5+3}$

(2) $a^5 \div a^3 = \dfrac{a^5}{a^3} = a^2 = a^{5-3}$

(3) $(a^5)^3 = (a^5) \times (a^5) \times (a^5) = a^{15} = a^{5 \times 3}$

となってこの公式は確かに成り立っていますが, x と y がこのような自然数でなく一般の実数でも指数法則は成り立つのです. つぎの例を見てください.

例 2.5

(1) $\sqrt{2^3} = (2^3)^{1/2} = 2^{3/2} = 2^{1+\frac{1}{2}} = 2^1 \cdot 2^{1/2} = 2\sqrt{2}$

(2) $\dfrac{\sqrt[3]{a}}{\sqrt{a}} = \dfrac{a^{1/3}}{a^{1/2}} = a^{1/3} \div a^{1/2} = a^{\frac{1}{3}-\frac{1}{2}} = a^{-1/6} = \dfrac{1}{\sqrt[6]{a}}$

指数法則を使うとリチャードソンの 4/3 乗則 $K = 0.001 Y^{4/3}$ は

$$K = 0.001 \sqrt[3]{Y^4} = 0.001 Y \sqrt[3]{Y}$$

となります.

指数法則にはもう一組あります. それは

$$(ab)^x = a^x b^x, \quad \left(\dfrac{b}{a}\right)^x = \dfrac{b^x}{a^x}$$

2.5 指数法則

です．たとえば $x = 3$ とすると，
$$(ab)^3 = ab \times ab \times ab = aaa \times bbb = a^3b^3$$
$$\left(\frac{b}{a}\right)^3 = \frac{b}{a} \times \frac{b}{a} \times \frac{b}{a} = \frac{b^3}{a^3}$$

となります．さきほどと同様に，これらの法則も一般の実数 x に対して成り立っています．

例 2.6 $\sqrt{a^2b^4} = \sqrt{a^2}\sqrt{b^4} = ab^2$

これは
$$\sqrt{a^2b^4} = (a^2b^4)^{1/2} = (a^2)^{1/2}(b^4)^{1/2} = ab^2$$

と書いてみると，指数法則が使われていることがよくわかります．

問題

問題 2.15 次の式を簡単にしてください．
(1) a^3a^5　　(2) $a^2a^3a^4$　　(3) a^3a^{-2}　　(4) a^3a^{-4}
(5) $a^2a^3a^{-4}$　　(6) $a^2a^3a^{-5}$　　(7) $a^2a^3a^{-4}a^{-5}$　　(8) a^0a^2
(9) $a^4 \div a^2$　　(10) $\dfrac{a^5}{a^5}$　　(11) $a^4 \div a^7$　　(12) $\dfrac{a^{-3}}{a^5}$
(13) $\dfrac{a^{-3}}{a^{-2}}$　　(14) $(a^0)^3$　　(15) $(a^3)^5$　　(16) $(a^2)^{-4}$
(17) $(a^5)^0$　　(18) $(a^{1/3})^3$　　(19) $(a^3)^{1/3}$　　(20) $((a^2)^2)^2$

問題 2.16 次の式を計算してください．
(1) $a^{1/2} \times a^{1/4}$　　(2) $a^{0.4} \div a^{-1/3}$　　(3) $(x^{-3})^{-2/3}$
(4) $\sqrt{y} \div \sqrt[3]{y^2}$　　(5) $(x^{1/2} + x^{-1/2})^2$　　(6) $(x^{1/2} + x^{-1/2})(x^{1/2} - x^{-1/2})$

問題 2.17 次の式を計算してください．
(1) $(a^2b^3)^3 \times (a^{-1}b^{-2})^2$　　(2) $\sqrt{a^2b^3} \times \sqrt[3]{a^{-1}b^{-2}}$
(3) $(a^2b^3)^3 \div (a^{-1}b^{-2})^2$　　(4) $\sqrt{a^2b^3} \div \sqrt[3]{a^{-1}b^{-2}}$

2.6 指数関数 (1)

一定の割合で増えてゆく現象や，逆に一定の割合で減ってゆく減少は自然界によく登場します．そのような現象を扱うための道具が**指数関数**で，

$$\boxed{y = a^x, \quad a > 0, \, a \neq 1}$$

という式で表されます．$a = 1$ のときは y は常に 1 になってしまうので，指数関数とはいいません．$a \neq 1$ と書いてあるのはそのためです．

したがって指数関数というときには，a は 0 と 1 の間（0 も 1 も除く）か 1 よりも大きい定数です．a の値が 0 と 1 の間にあるときと，1 よりも大きいときとでは，グラフは大きく様変わりします．まず，a が 1 よりも大きな場合を考えて見ましょう．

例 2.7 指数関数 $y = 2^x$ を考える．$x = -4, -3, -2, -1, 0, 1, 2, 3, 4$ のときの y の値を表にすると，つぎのようになり，そのグラフは図 2.1 のようになる．

x	-4	-3	-2	-1	0	1	2	3	4
y	$\dfrac{1}{16}$	$\dfrac{1}{8}$	$\dfrac{1}{4}$	$\dfrac{1}{2}$	1	2	4	8	16

この表を見てもわかるように，x が 1 増えると y は 2 倍になっている．つまりこの式は 2 倍ずつ増えてゆく現象を表す式である．x が整数値でなくとも，x が 1 増えると y は 2 倍になる．なぜなら，一般に $\dfrac{2^{x+1}}{2^x} = \dfrac{2^x \times 2}{2^x} = 2$ が成り立つからである．

なお，図 2.1 ではグラフが x 軸にふれているように見えますが，実際には決して x 軸と交わりません．

例 2.8 植物は光合成によって有機物を合成する．その反応式は

$$6CO_2 + 12H_2O \xrightarrow{\text{光}} C_6H_{12}O_6 + 6O_2 + 6H_2O$$

2.6 指数関数 (1)

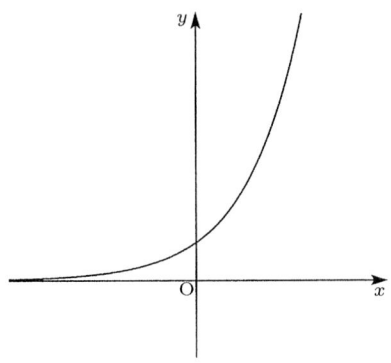

図 2.1 指数関数 $y = 2^x$ のグラフ

である．言葉でいえば，光があるところで二酸化炭素と水から炭水化物と酸素と水ができる．藻類の場合，この反応の速度は水温とつぎのような関係にあることが知られている．

$$G = G_{20}\theta^{t-20}$$

ここで，G_{20} は 20°C のときの光合成の速度で定数，t は水温 (°C)，θ（シータ，30 ページのコラム 3 を参照）は 1 より少し大きい定数である．

反応速度を表す上の式は $G = G_{20}\theta^{-20}\theta^t$ と書き直せます．ここで G_{20} と θ は定数ですから，$G_{20}\theta^{-20}$ も一つの定数です．これを k と書くと，上の反応速度の式は $G = k\theta^t$ となります．つまり指数関数の定数倍です．

問題

問題 2.18 例 2.8 で $G_{20} = 1$, $\theta = 1.1$ として次の問に答えてください．
(1) 温度 t が 15°C から 25°C まで 1°C ずつ変化するときの光合成の速度を表にまとめてください．
(2) 温度が 1°C 上がると光合成の速度は何倍になるでしょうか．
(3) このグラフと $G = G_{20}\theta^t$ のグラフはどのような関係にあるでしょうか．

2.7 指数関数 (2)

指数関数 $y = a^x$ で，a が 0 と 1 の間にある場合を考えてみましょう．

例 2.9 指数関数 $y = \left(\dfrac{1}{2}\right)^x$ を考える．$x = -4, -3, -2, -1, 0, 1, 2, 3, 4$ のときの値を表にすると，つぎのようになり，グラフは図 2.2 のようになる．

x	-4	-3	-2	-1	0	1	2	3	4
y	16	8	4	2	1	$\dfrac{1}{2}$	$\dfrac{1}{4}$	$\dfrac{1}{8}$	$\dfrac{1}{16}$

この表を見てもわかるように，x が 1 増えると y は 1/2 倍（つまり半分）になっている．この式は 1/2 倍ずつ増えてゆく現象（すなわち半分ずつになる現象）を表す式である．x が整数値でなくとも，x が 1 増えると y は 1/2 倍になる．なぜなら，一般に

$$\frac{\left(\frac{1}{2}\right)^{x+1}}{\left(\frac{1}{2}\right)^x} = \frac{\left(\frac{1}{2}\right)^x \times \frac{1}{2}}{\left(\frac{1}{2}\right)^x} = \frac{1}{2}$$

が成り立つからである．

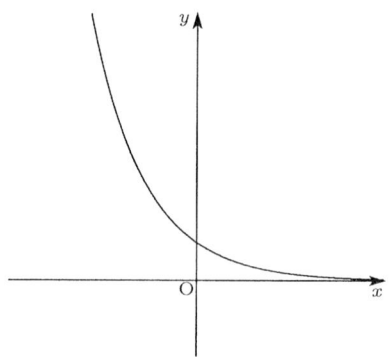

図 2.2 指数関数 $y = \left(\frac{1}{2}\right)^x$ のグラフ

なお，図 2.2 ではグラフが x 軸にふれているように見えますが，実際には決して x 軸と交わりません．

指数関数 $y = \left(\dfrac{1}{2}\right)^x$ のグラフ（図 2.2）と，$y = 2^x$ のグラフ（図 2.1）は，y 軸を中心として左右対称の関係にあります．それはそれぞれの表の数値を見ても想像できますが，一般に，

$$\left(\dfrac{1}{2}\right)^x = 2^{-x}$$

ですから，$y = \left(\dfrac{1}{2}\right)^x$ の $x = p$ での値と $y = 2^x$ の $x = -p$ での値は同じです．つまりこれらは y 軸を中心として左右対称ということです．

問題

問題 2.19 指数関数 $y = a^x$ のグラフは a の値にかかわらず点 $(0, 1)$ を通ります．それはなぜでしょうか．

問題 2.20 $y = 2^x$ のグラフと $y = 3^x$ のグラフの上下関係（関数の値の大小関係）はどうなっていますか．

問題 2.21 指数関数 $y = 3^x$ について，
(1) $x = -3, -2, -1, 0, 1, 2, 3$ のときの値を表にまとめてください．
(2) この関数のグラフを描いてください．

問題 2.22 指数関数 $y = \left(\dfrac{1}{3}\right)^x$ について，
(1) $x = -3, -2, -1, 0, 1, 2, 3$ のときの値を表にまとめてください．
(2) この関数のグラフを描いてください．
(3) このグラフは $y = 3^x$ のグラフとどのような関係にあるでしょうか．

2.8 ネーピアの数

指数関数 $y = a^x$ の a は (正で，1 でなければ) 何でも良いのですが，普通，指数関数といえば，**ネーピアの数**と呼ばれる特別な定数

$$e = 2.71828\cdots$$

を x 乗した関数

$$y = e^x$$

のことをいいます．指数関数 $y = e^x$ のことを

$$y = \exp(x)$$

と書くこともあります．$e > 1$ ですから $y = e^x$ は増加する関数で，グラフは図 2.3 のようになっています（グラフは決して x 軸と交わりません）．

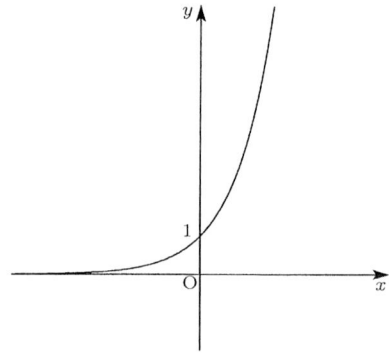

図 2.3 指数関数 $y = e^x$ のグラフ

突然半端な数値が出てきましたが，ネーピアの数 e は指数関数 $y = a^x$ のグラフ上の点 $(0,1)$ での接線の傾きが 1 になるようにきめた a の値です．つまり $y = e^x$ 上の点 $(0,1)$ での接線の傾きは 1 です．これは縦軸，横軸の目盛りのつけ方が同じなら，ちょうど 45° の直線です．図 2.4 の真ん中の曲線が $y = e^x$

2.8 ネーピアの数

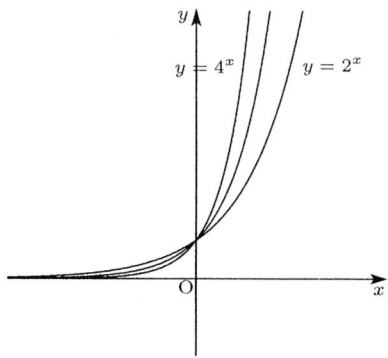

図 2.4 指数関数 $y=2^x$, $y=e^x$, $y=4^x$ のグラフ

のグラフで，点 $(0,1)$ でこの曲線に引いた接線の傾きは 1 です．$y=2^x$ に引いた接線の傾きは 1 より小さく，逆に $y=4^x$ に引いた接線の傾きは 1 より大きくなります．一般に，$a>1$ のとき $y=a^x$ のグラフに点 $(0,1)$ で引いた接線の傾きは a の値が大きくなると大きくなります．a が 2 と 3 の間にちょうど接線の傾きが 1 になるところがあり，その値が $2.71828\cdots$ なのです．つぎの表を見て感じをつかんでください．

表 2.3 指数関数に引いた接線の傾き

a	傾き
1.5	0.405465
1.75	0.559616
2	0.693147
2.25	0.810930
2.5	0.916290
2.75	1.011600
3	1.098612
3.25	1.178654
3.5	1.252762
3.75	1.321755
4	1.386294

この特別な指数関数 $y=e^x$ は，微分しても導関数が変わらず，不定積分をしても変わらないという性質をもっていますが，そのことについてはあとで微積分を学ぶときにもう一度触れることにします（第 4 章と第 5 章）．

2.9 生物化学的酸素要求量

全国の河川,湖沼,海域では,定期的に水質調査が実施され,都道府県を通じて毎年環境省に報告されています.その調査項目は人の健康を保護するための**環境基準項目(健康項目)**と生活環境を保全するための**環境基準項目(生活環境項目)**に大きく分かれます(このほかにトリハロメタンに関する項目もあります).

生活環境項目には,pH(水素イオン濃度),DO(溶存酸素),BOD(生物化学的酸素要求量),COD(化学的酸素要求量),油分(ノルマルヘキサン抽出物質量),大腸菌群数,SS(浮遊物質量),全窒素,全リンが含まれます.

例 2.10 一般に水中に有機汚染物質が流入すると,その有機物は好気性微生物によって分解されて,炭酸ガスや水など無害な物質になる(自浄作用).このとき酸素が消費されることから,その消費量によって有機汚染の度合い(負荷)を測ることができる.この水中の微生物が有機物を分解することによって消費される酸素量のことを**生物化学的酸素要求量**(**BOD**, biochemical oxygen demand)という.具体的には,検水を溶存酸素が十分にある状態にして,20°Cで5日間放置したときに消費される溶存酸素の量(1ℓ 中の酸素の mg 数)ではかる.BOD の値が高いほど有機汚染(負荷)が高いことを示す.

BOD を L (mg/ℓ) とするとき,L の変化を示すもっとも簡単な式は

$$L = L_0 e^{-Kt}$$

である.L_0 は $t=0$ のときの BOD,K は**脱酸素係数**と呼ばれる定数である.

BOD L の変化を示す式にはネーピアの数 e が含まれています.また指数にマイナス記号がついていますが,それは

$$e^{-Kt} = \frac{1}{e^{Kt}}$$

ということでした.

$L_0 = 8(mg/\ell)$, $K = 0.2$(日) の場合, $L = L_0 e^{-Kt} = 8e^{-0.2t}$ のグラフは図 2.5 のようになります.

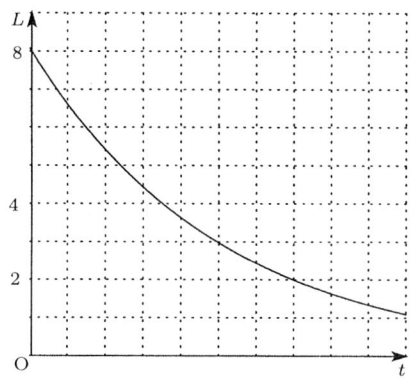

図 2.5 BOD の変化 ($L = 8e^{-0.2t}$)

図 2.5 を見ると, BOD が 8 から 4 まで減少する時間と, 4 から 2 まで減少する時間が同じことがわかります. 実は, BOD の値によらずいつでも BOD が半減する時間は同じです (4.10 節で正確に説明します). この著しい特徴は $L = L_0 e^{-Kt}$ で表される現象すべてが持っている性質です.

BOD の変化を表す式にネーピアの数 e が現れるのはそれが微分方程式の解だからなのですが, それについてはずっと後の 6.2 節で触れます.

水質評価の基準には, 窒素やリンなどにもとづく栄養度と, 腐敗物にもとづく腐水度があります. 栄養度は貧栄養, 中栄養, 富栄養の 3 段階に分かれ, 腐水度は大きく分けて 4 段階, 細かく 7 段階に分かれています. とくに腐水度と BOD はつぎの表のように対応しています.

水質等級	名称	説明	BOD 平均値
I	貧腐水	ほとんど無負荷	
I–II	貧-β 中腐水	わずかな負荷	$2mg/\ell$ 以下
II	β 中腐水	軽度の負荷	$4mg/\ell$ 以下
II–III	β-α 中腐水	臨界段階の負荷	$7mg/\ell$ 以下
III	α 中腐水	悪臭を伴う強い負荷	$13mg/\ell$ 以下
III–IV	α 中-強腐水	非常に強い負荷	$22mg/\ell$ 以下
IV	強腐水	過度の負荷	$22mg/\ell$ 以上

2.10 放射性同位体の核壊変

e の指数にマイナスがついた式はよく現れます．つぎの例もその典型です．

例 2.11 放射性同位体は核壊変を起こして他の原子に変わってゆく．最初に N_0 個の原子があって，これが核壊変によって減少してゆくとき，時間 t 後の原子数 N は

$$N = N_0 e^{-\lambda t}$$

で与えられる．定数 λ を**壊変定数**という．

　原子は陽子と中性子からなる原子核と，その周囲にある電子から構成されています．この陽子の数をその原子の**原子番号**といい，陽子と中性子の数の和を**質量数**といいます．原子番号 Z，質量数 A の原子 Y は $^A_Z Y$ と書かれます．たとえば，$^{235}_{92}$U は原子番号 92，質量数 235 のウラン原子を示します．

　原子番号だけでなく質量数も区別したときのそれぞれの原子のことを**核種**といいます．原子番号が同じで質量数が異なる核種は**同位体**（アイソトープ）と呼ばれます．たとえば，$^{11}_6$C, $^{12}_6$C, $^{13}_6$C, $^{14}_6$C はすべて炭素の同位体です．

　核種の中には原子核から放射線が放出されて他の原子核に変化するものがあります．そのような核種を**放射性核種**といい，その変化のことを**壊変**といいます．炭素の同位体のうちでは $^{11}_6$C, $^{14}_6$C が放射性核種です．$^{14}_6$C による年代測定の原理については 4.10 節で述べます．

　原子炉の燃料として用いられる**ウラン**も放射性核種です．ウランには質量数が 232, 233, 234, 235, 237, 238, 239 の同位体があり，天然ウランの 99% 以上はウラン 238（$^{238}_{92}$U）です．しかしウラン 238 は核分裂を起こしにくいため，原子炉では一般にウラン 235 が用いられています．また，使用済み燃料の再処理の過程で得られる**プルトニウム**（$^{239}_{94}$Pu）も放射性核種で，これを軽水炉のウラン・プルトニウム混合酸化物燃料（MOX）として利用する計画がプルサーマル計画です．プルトニウムには質量数が 232 から 246 までの同位体があります．

2.10 放射性同位体の核壊変

さて,例 2.11 で示した核の壊変を表す式は 2.9 節で述べた BOD を表す式の定数 L_0, K をそれぞれ定数 N_0, λ に書き換えただけです.K と λ はそれぞれ脱酸素係数,壊変定数と異なる名前で呼ばれますが,数学的には違いはありません.したがって,そのグラフは図 2.5 と同じ形をしていて,同じ性質を持っています.

たとえば,最初に存在していた原子数が半分になるのに要する時間はいつも同じです.この時間を**半減期**といいます.半減期ごとに原子数は 1/2, 1/4, 1/8, … と減少してゆきます.後に 4.10 節で半減期が $\dfrac{0.693}{\lambda}$ であることを説明します.0.693 も λ も定数ですから半減期は時刻によらない定数です.

半減期は 10^{-3} 秒以下の短いものから,数十億年という長いものまであります.表 2.4 はプルトニウムの主な同位体の半減期を示したものです.

表 2.4 プルトニウムの主な同位体の半減期

同位体	半減期(年)
プルトニウム 236	2.85
プルトニウム 239	24100.
プルトニウム 240	6600.
プルトニウム 241	13.2

このように,一見まったく異なった事態を示すのに同じ式が用いられるのは興味深いことです.身近な例では,次第に冷めてゆくコーヒーの温度も $y = ae^{-bt}$ (y は温度,t は時刻)という形で表されます.コーヒーの中に e がひそんでいるのです.

核の壊変現象については 4.10 節のほかに,6.4 節でもう一度触れます.

2.11 少し複雑な式——光合成の早さ,正規分布,懸垂曲線

指数関数を含むもっと複雑な式をみてみましょう.

例 2.12 藻類の光合成は,光が弱いときには光量とともに光合成の速さが増加するが,ある光量を超えると逆に光合成の速さは減少する.その状況を式で表すと,

$$G = G_{\max} \frac{I}{I_{\text{opt}}} \exp\left(1 - \frac{I}{I_{\text{opt}}}\right)$$

となる.ここで,$G_{\max}$ は最大の光合成の速さ,I_{opt} は光合成の速さが最大となる最適光量を示す.この式を**スティールの式**という.

$G_{\max}$ と I_{opt} は定数です.これらは光合成の「最大の (maximal)」速さと「最適な (optical)」光量を示す定数なので,G, I のあとに $_{\max}$ と $_{\text{opt}}$ を添え字としてつけてあります.また $\exp(\cdots)$ は $e^{\cdots}$ を表す記号でした (2.8 節).指数部分が複雑な式のときは間違えやすいので exp という記号を使うのです.

$G_{\max} = 1, I_{\text{opt}} = 3$ の場合,この関数のグラフは図 2.6 のようになっています.最初のうちは I とともに増加してゆき,$I = 3$ のとき最大値 1 をとり,それから次第に減少してゆくようすがよくわかります.スティールの式のグラフは 4.12 節で描きます.

さらに複雑な例は次の**正規分布**と呼ばれる式です.正規分布は統計処理をするときの基本で,統計の教科書を見ると必ず載っている式ですが,ここでは細かいところは無視して,眺めるだけにしておきましょう.ただ,e の指数部分にマイナスがついていることに注意してください.なお,$a, \sigma, \pi = 3.14\cdots$ は定数です.

例 2.13 確率変数 x の確率密度関数 $p(x)$ が

$$p(x) = \frac{1}{\sqrt{2\pi\sigma^2}} \exp\left(-\frac{(x-a)^2}{2\sigma^2}\right)$$

2.11 少し複雑な式——光合成の早さ，正規分布，懸垂曲線

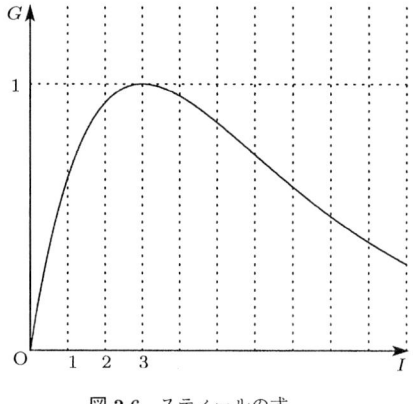

図 2.6 スティールの式

で与えられる確率分布を正規分布とよび，$N(a, \sigma^2)$ と表す（図 2.7（左））．a は**平均値**，σ は**標準偏差**，σ^2 は**分散**と呼ばれる．分散 σ^2 が小さいほど $p(x)$ はとがった曲線となる．

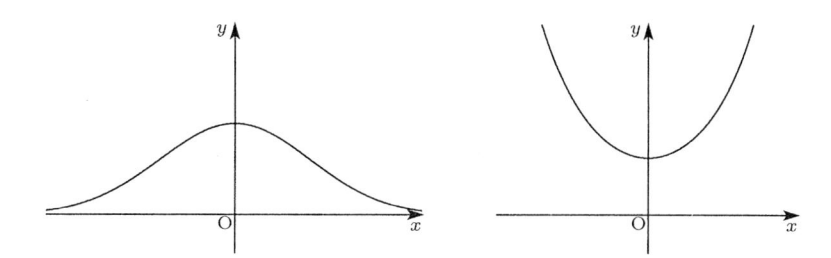

図 2.7 正規分布（$\sigma = 1$, $a = 0$）（左）と懸垂曲線（右）

最後にもう一つ，ネーピアの数 e が現れる関数を見てみましょう．

例 2.14 送電線の垂れ下がるようすは

$$y = \frac{e^x + e^{-x}}{2}$$

で表される．この曲線を<ruby>懸垂曲線<rt>けんすい</rt></ruby>という（図 2.7（右））．

コラム2：単位に付く接頭辞

接頭語		記号	乗数	日本の名称
ヨタ	(yotta)	Y	10^{24}	秭
ゼタ	(zetta)	Z	10^{21}	十垓
エクサ	(exa)	E	10^{18}	百京
ペタ	(peta)	P	10^{15}	千兆
テラ	(tera)	T	10^{12}	兆
ギガ	(giga)	G	10^{9}	十億
メガ	(mega)	M	10^{6}	百万
キロ	(kilo)	k	10^{3}	千
ヘクト	(hecto)	h	10^{2}	百
デカ	(deca)	da	10^{1}	十
デシ	(deci)	d	10^{-1}	分
センチ	(centi)	c	10^{-2}	厘
ミリ	(mili)	m	10^{-3}	毫（毛）
マイクロ	(micro)	μ	10^{-6}	微
ナノ	(nano)	n	10^{-9}	塵
ピコ	(pico)	p	10^{-12}	漠
フェムト	(femto)	f	10^{-15}	須臾
アト	(atto)	a	10^{-18}	刹那
ゼプト	(zepto)	z	10^{-21}	清浄
ヨクト	(yocto)	y	10^{-24}	

1mm（ミリメートル）は 1m（メートル）の 1000 分の 1，1cm（センチメートル）は 1m（メートル）の 100 分の 1 ですから，10mm が 1cm となります．

日本の名称は中国伝来のもので，10^4 を万といい，それより上は 10^4 ごとに億，兆，京，垓，秭，穣，溝，澗，正，載，極，恒河沙，阿僧祇，那由他，不可思議，無量大数といいます．10^3 ごとに変わる接頭語とはうまく対応していません．また日本には割（10^{-1}）という単位があり，このときには分は 10^{-2} を表すことになりますが，割の 10 分の 1 という意味で分はやはり 10^{-1} です．

コラム3：ギリシア文字

A	α	（アルファ）	H	η	（エータ）	N	ν	（ニュー）	Υ	υ	（ウプシロン）
B	β	（ベータ）	Θ	θ	（テータ）	Ξ	ξ	（クシー）	Φ	φ	（ファイ）
Γ	γ	（ガンマ）	I	ι	（イオタ）	Π	π	（パイ）	X	χ	（カイ）
Δ	δ	（デルタ）	K	κ	（カッパ）	R	ρ	（ロー）	Ψ	ψ	（プサイ）
E	ϵ	（イプシロン）	Λ	λ	（ラムダ）	Σ	σ	（シグマ）	Ω	ω	（オメガ）
Z	ζ	（ゼータ）	M	μ	（ミュー）	T	τ	（タウ）			

3
対 数 関 数

本章の読み方 本章では対数について学びます．

ポイント 1．常用対数 3.1 節で常用対数の定義を学びます．これは本章の最も基本ですからしっかり理解してください．3.2 節では常用対数が用いられる例として，pH，マグニチュードについて学びます．

ポイント 2．対数目盛り 3.3 節と 3.4 節では対数目盛りのついた対数グラフ（用紙）について学びます．ここでは水平拡散係数や全リン－クロロフィル a 濃度のグラフを例に挙げてあります．対数が桁違いに大きな違いがあるものを一緒に扱う道具として有効なことを理解してください．

ポイント 3．常用対数の計算方法 3.5 節，3.6 節では常用対数の計算方法を学びます．3.5 節の問題にある酸性雨の pH の平均値に計算方法などは意外と盲点かもしれません．3.7 節では常用対数の用いられる例として騒音レベルを取り上げます．

ポイント 4．自然対数と一般の対数 3.8 節では自然対数と一般の対数を学びます．これらは常用対数がしっかり理解できていれば簡単です．その応用として 3.9 節でエントロピーを援用した生物の多様度について学びます．

なお最後の 3.10 節では，電卓なしに対数の近似値を求める方法として常用対数表の使い方を学びます．電卓などで対数の値を計算することができる場合には，この節は飛ばしてかまいません．

3.1 常用対数

ここではまず,わかりやすい常用対数について学びましょう.

正の数 x が与えられたとき,$10^y = x$ となる y を x の**常用対数**といい,

$$\log_{10} x$$

と書きます.つまり,

$$\boxed{\log_{10} x = y \text{ ということは } 10^y = x \text{ ということ}}$$

です.関数 $y = \log_{10} x$ を 10 を<ruby>底<rt>てい</rt></ruby>とする**対数関数**といいます.

たとえば,$10^2 = 100$ だから 100 の常用対数は 2 です.記号で書けば

$$\log_{10} 100 = 2$$

となります.つまり,$\log_{10} 100 = 2$ ということは $10^2 = 100$ ということです.また,$0.01 = 10^{-2}$ だから 0.01 の常用対数は -2 です.記号で書けば

$$\log_{10} 0.01 = -2$$

となります.つまり $\log_{10} 0.01 = -2$ ということは $10^{-2} = 0.01$ ということです.

例 3.1

$\log_{10} 1 = 0$ $\log_{10} 1 = 0$
$\log_{10} 10 = 1$ $\log_{10} 0.1 = -1$
$\log_{10} 100 = 2$ $\log_{10} 0.01 = -2$
$\log_{10} 1000 = 3$ $\log_{10} 0.001 = -3$
$\log_{10} 10000 = 4$ $\log_{10} 0.0001 = -4$

常用対数 $y = \log_{10} x$ のグラフを描くと,図 3.1 のようになります.図では

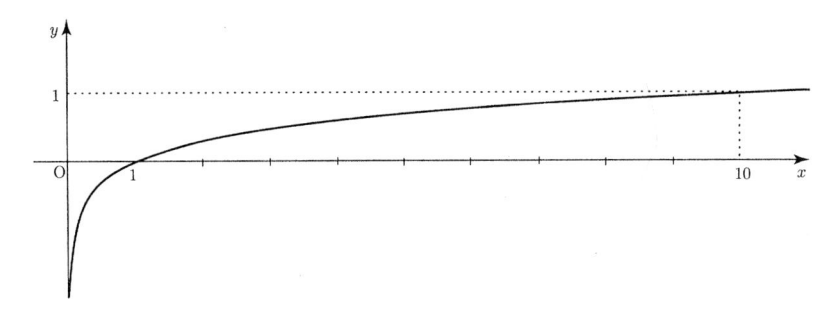

図 3.1　$y = \log_{10} x$ のグラフ

グラフが y 軸と接触しているように描かれていますが，x は正ですから，グラフは y 軸とは交わりません．

対数関数 $y = \log_{10} x$ は「x が大きくなると，y の増え方が遅くなる」ような関数です．例 3.1 の左の列の数値をみると，

- y が 0 から 1 に増えるのに，x は 1 から 10 まで 9 増えなければならない

のに，

- y が 1 から 2 に増えるのには x は 10 から 100 まで，90 も増えなければならない

ことがわかります．さらに

- y が 2 から 3 に増えるのには x は 100 から 1000 まで，900 も増えなければならない

こともわかります．

このことを利用して，小さな値から非常に大きな値までを含むデータを扱いやすくします（次節以降）．

問　題

問題 3.1 指数を用いて表された式は常用対数を用いた式に，常用対数を用いて表された式は指数を用いた式になおしてください．

(1) $\log_{10} 1000 = 3$　(2) $10^3 = 1000$　(3) $\log_{10} 10000 = 4$
(4) $10^{-3} = 0.001$　(5) $\log_{10} 0.01 = -2$　(6) $10^{-1} = 0.1$

3.2 pH, マグニチュード

常用対数を用いた例として pH とマグニチュードを考えてみます.

例 3.2 水中では,ごく一部の水分子 H_2O が水素イオン H^+ と水酸イオン OH^- に分離して電離平衡

$$H_2O \rightleftharpoons H^+ + OH^-$$

が成り立っている(第 2.3 節,例 2.2).酸性,アルカリ性の指標である **pH**(ピーエイチ)は,この水素イオンのモル濃度 $[H^+]$ を用いて,

$$pH = -\log_{10}[H^+]$$

で定義される.25°C の純水では

$$[H^+] = 1.10 \times 10^{-7} (\text{mol}/\ell)$$

だから,純水の pH はおよそ 7 である.

pH < 7 のとき酸性,pH > 7 のときアルカリ性という.塩酸の pH は 3,水酸化ナトリム水溶液の pH は 11 である.

pH の定義式にマイナスが付いているのは pH の値を正にするためです.もしマイナスをつけないと,pH はすべて負になってしまいます.指標にいちいちマイナスをつけるのは不便なので,あらかじめマイナスをつけて値を正にしておいたのです.pH は Hydrogen(水素)power(冪,指数)の略です.**水素イオン濃度**とか**水素指数**とも呼ばれます.

例 3.3 地震のマグニチュードは地下の断層運動である地震の規模を表す量で,1935 年にアメリカの地震学者リヒター (1900–1985) が初めて定義した.震央からの距離が 100km のところにある地震計の記録紙上の最大幅を A (μm $= 10^{-6}$m)とするとき,マグニチュード M は

3.2 pH, マグニチュード

$$M = \log_{10} A$$

で定義される.

実際には震央からの距離によって補正する項がついているのですが，ここでは簡単にしてあります.

地震計の振幅が10倍になると，マグニチュードは1大きくなります.

当初，地震計の特性などの影響でマグニチュードは7〜8.5程度で頭打ちになる傾向がありました．そこで最近ではモーメントマグニチュードが使われるようになっています．モーメントマグニチュード M_w (N·m, Nはニュートンという力の単位) は，断層の運動の規模を示す量として地震モーメント M_o (震源断層の面積 × ずれの量 × 岩盤の剛性率) を考え

$$M_w = \frac{1}{1.5}(\log_{10} M_o - 9.1)$$

によって定義されます.

20世紀最大の地震だった1960年のチリ地震では，震源断層の大きさは800km × 200km，断層のずれは25 mに達したと推定されています。チリ地震の M_w は9.5とされています。

問題

問題 3.2

(1) pH が 3, 4, 5, 6, 7. 8, 9, 10, 11 の溶液中の水素イオンのモル濃度を順に求めて表にしてください.

(2) pH が 1 違うということは溶液中の水素イオンのモル濃度はどのくらい違うということでしょうか.

(3) 塩酸 (pH 3) の水素イオンのモル濃度は水酸化ナトリム水溶液 (pH 11) の水素イオンのモル濃度の何倍でしょうか.

(4) 対数を使わずに水素イオンのモル濃度そのものを酸性，アルカリ性の指標として使ったとしましょう．もし pH 11 にあたるモル濃度を 1cm の高さの棒で表したら，pH 3 の溶液のモル濃度はどのくらいの高さになるでしょうか.

3.3 対数グラフ (1)

環境問題に関するグラフでは，縦軸や横軸が対数目盛りになっているものがたくさんあります．つぎの図はリチャードソンの 4/3 乗則を示す観測データをグラフにしたものです．その右は縦軸の目盛りの 10^{-1} から 10^2 までのようすを拡大して示した図です．このような目盛りを対数目盛りといいます．

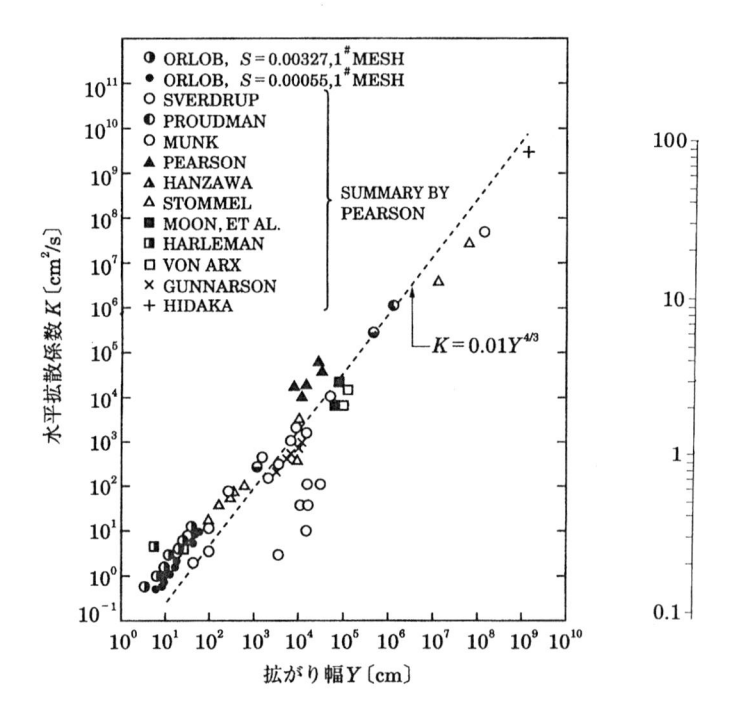

図 3.2 海洋における水平拡散係数[1]

対数目盛りというのは普通の目盛りのついた直線上の $\log_{10} n$ の位置に数値 n を記入した目盛りのことです．図 3.2 では縦軸，横軸とも $10^{-1} = 0.1$, $10^0 = 1$, $10^1 = 10$, $10^2 = 100$, $\cdots$ と 10 倍ずつになる目盛りが等間隔で並んでいます

が，それは

$$\log_{10} 0.1 = -1, \quad \log_{10} 1 = 0, \quad \log_{10} 10 = 1, \quad \log_{10} 100 = 2, \quad \cdots$$

というように，0.1, 1, 10, 100 の対数をとると差がすべて 1 になるからです．たとえば 1 の目盛りから 10 の目盛りまでの間隔を 1cm にしたら，10 の目盛りから 100 の目盛りまでの距離も 1cm です．

図 3.2 の拡大図の部分を見ると，数値が書かれていない目盛りは上にいくほど間隔が小さくなっています．これらの目盛りは下から順に (0.1), 0.2, 0.3, 0.4, 0.5, 0.6, 0.7, 0.8, 0.9, (1), 2, 3, 4, 5, 6, 7, 8, 9, (10), 20, 30, 40, 50, 60, 70, 80, 90 を表しています（括弧のついている数値は拡大図に書かれている数値です）．1 のすぐつぎの目盛りは 1.1 ではなく 2 です．また 10 のすぐつぎの目盛りは 11 ではなくて 20 です．同様に 100 のすぐつぎの目盛りは 200 です．

たとえば 1 と 10 の間の目盛りについて考えましょう．1 と 10 の間にある目盛り 2, 3, $\cdots$, 9 は $\log_{10} 2$, $\log_{10} 3$, $\cdots$, $\log_{10} 9$ の位置に目盛られています．

($\log_{10} 1 = 0$)

$\log_{10} 2 = 0.3010 \quad \log_{10} 3 = 0.4771 \quad \log_{10} 4 = 0.6021 \quad \log_{10} 5 = 0.6990$

$\log_{10} 6 = 0.7782 \quad \log_{10} 7 = 0.8451 \quad \log_{10} 8 = 0.9031 \quad \log_{10} 9 = 0.9542$

($\log_{10} 10 = 1$)

ですから，仮に 1 の目盛りから 10 の目盛りまでの距離を 1cm とすると，2 の目盛りは 0.3010cm のところ，3 の目盛りは 0.4771cm のところ，というように目盛られていきます．目盛りのようすをよく見ると，3 の目盛りが大体中央辺りにあるのがわかります．

対数目盛りは小さな値から大きな値までの差が非常に大きい場合に，これらを一定の範囲に圧縮して収めるときに便利ですが，値が大きければ大きいほど圧縮も大きくなっています．図 3.2 でいえば，1 から 10 までの差 9 と 10^9 から 10^{10} までの差 9000000000（90 億）が同じ間隔に圧縮されています．そしてこの圧縮に使われるのが常用対数なのです．

なお，環境問題には対数目盛りを用いるとグラフが直線になったりする現象が多くあります．自然界には対数的な現象があるのです．

3.4 対数グラフ（2）

対数グラフを用いた例をもう一つ挙げます．

例 3.4 湖沼や貯水池では，全リン濃度とクロロフィル a 濃度の間には相関がある．次の図は世界中の湖沼や貯水池での両者の関係を示すものである．

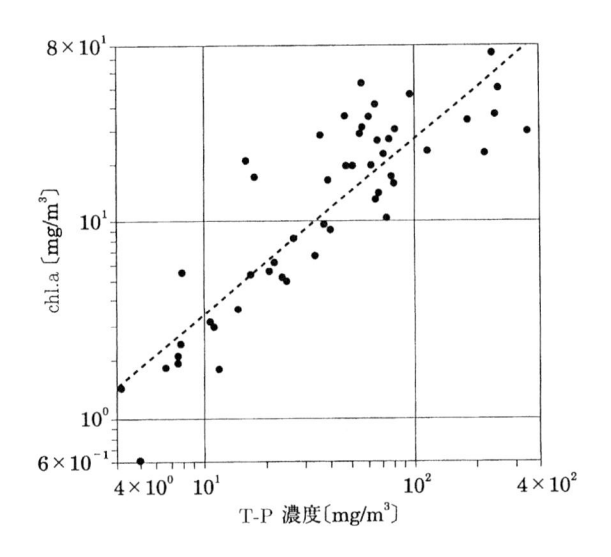

図 3.3 世界の湖沼有光層における年平均クロロフィル a(chl.a) 量と全リン (T-P) 濃度[1]

この図から，湖沼などの富栄養化を防止するためには，リンの負荷量の削減が必要なことがわかる．

対数グラフには，縦軸，横軸ともに対数目盛りになっているものと，片方の軸だけが対数目盛りになっているものがあります．図 3.2，図 3.3 はともに両軸とも対数目盛りになっています．つぎの図 3.4 では片方だけが対数目盛りです．図 3.4 には直線が描かれていますが，この直線は $y = 10 \log_{10} a$ を描いたも

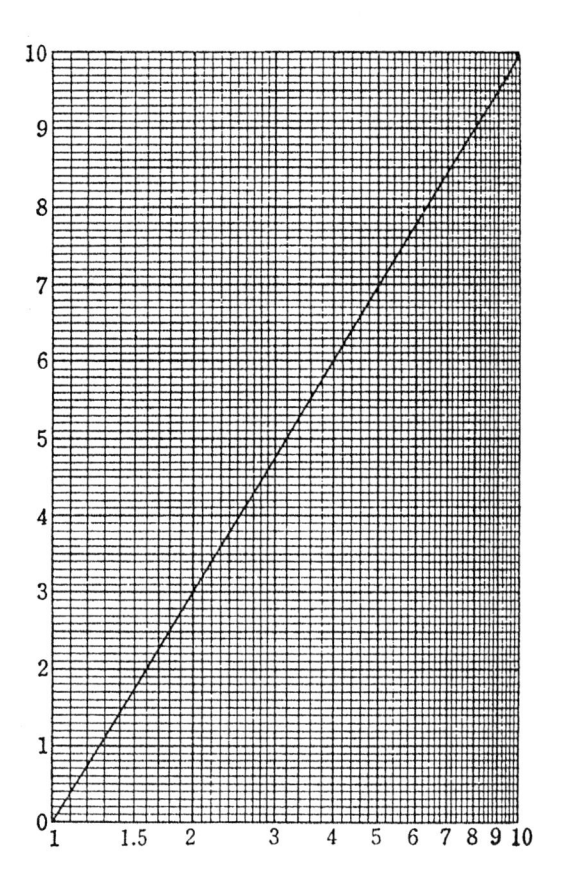

図 3.4 対数グラフ

のです.横軸が a,縦軸が $10\log_{10}a$ を表します.グラフをよく見ると,たとえば $a=2$ のとき確かに $y=10\log_{10}2=10\times 0.3010\cdots\fallingdotseq 3$ となっています.この直線は 3.7 節「騒音レベル」で学ぶデシベル (dB) の定義 $10\log_{10}\dfrac{W}{W_0}$ を $a=\dfrac{W}{W_0}$ とおいてグラフに描いたものです.測定された音の強さ W が基準となる音の強さ W_0 の a 倍だったとき,横軸の a に対応する縦軸の値を読み取るとデシベル数 (dB) の近似値が(計算をしないでも)わかります.

3.5 対 数 法 則

対数の最も重要な性質はつぎの**対数法則**です．

$$\boxed{\begin{aligned} \log_{10}(xy) &= \log_{10} x + \log_{10} y \\ \log_{10}\left(\frac{x}{y}\right) &= \log_{10} x - \log_{10} y \end{aligned}}$$

対数法則は，掛け算をした xy の対数はそれぞれの対数の足し算になり，割り算をした x/y の対数はそれぞれの対数の引き算になる，ということを述べたものです．$\log_{10}(xy) = \log_{10} x \times \log_{10} y$ とか，$\log_{10}(x/y) = \log_{10} x \div \log_{10} y$ というようにはなりません．

どうして掛け算が足し算に変わったのか不思議に思う読者のために，説明をしておきましょう．まず $\log_{10} x = a$, $\log_{10} y = b$ と書いて指数になおすことを考えましょう．こうすると $x = 10^a$, $y = 10^b$ ですから，指数法則より

$$xy = 10^a \times 10^b = 10^{a+b}$$

です．この式の左端と右端の式を見ると，対数の定義より

$$a + b = \log_{10}(xy)$$

であることがわかります．ここで a, b をもとにもどすと，

$$\log_{10} x + \log_{10} y = \log_{10}(xy)$$

となり，指数法則の掛け算の方が証明できました．つまり，指数法則で掛け算が足し算に変化したので，常用対数の足し算が掛け算に変化したのです．

さて，対数法則の掛け算の方で $x = y$ とすると

$$\log_{10}(xx) = \log_{10} x + \log_{10} x$$

ですから，

3.5 対数法則

$$\log_{10} x^2 = 2\log_{10} x$$

となって，指数の部分が log の前に出てきす．これは 3 乗の場合でも同じで，

$$\begin{aligned}\log_{10} x^3 &= \log_{10}(x \times x^2) \\ &= \log_{10} x + \log_{10} x^2 \\ &= \log_{10} x + 2\log_{10} x \\ &= 3\log_{10} x\end{aligned}$$

という具合です．このことは指数が負であっても，分数であっても成り立ちます．対数のこの性質はとても便利なので，

$$\boxed{\log_{10} x^p = p\log_{10} x}$$

を公式として覚えておきましょう．

問　題

問題 3.3 対数法則

$$\log_{10}\left(\frac{x}{y}\right) = \log_{10} x - \log_{10} y$$

が成り立つことを示してください．

問題 3.4 つぎの等式の成り立つことを説明してください．
(1) $\log_{10}\dfrac{1}{x} = -\log_{10} x$　(2) $\log_{10} x^{-2} = -2\log_{10} x$

問題 3.5 つぎの式を $a = \log_{10} x$ をもちいて書き表してください．
(1) $\log_{10} x^{2/3}$　(2) $\log_{10} \sqrt{x}$　(3) $\log_{10} \sqrt[3]{x}$　(4) $\log_{10} \sqrt[n]{x^m}$

問題 3.6 酸性雨の調査をするとき，各採取雨量ごとの pH が求まっているとして，全体の平均的な pH を求めるにはどうすればよいでしょうか．

3.6 対数の計算

対数法則を用いると複雑な式の計算ができます．次の例をみてください．

例 3.5

$$\log_{10}\frac{14}{3} - \frac{1}{2}\log_{10}\frac{49}{9} = \log_{10}14 - \log_{10}3 - \frac{1}{2}(\log_{10}49 - \log_{10}9)$$

　　　　　　（割り算の対数を対数の引き算に変形した）

$$= \log_{10}14 - \log_{10}3 - \frac{1}{2}(\log_{10}7^2 - \log_{10}3^2)$$

　　　　　　（$49 = 7^2$, $9 = 3^2$ に注目した）

$$= \log_{10}14 - \log_{10}3 - \frac{1}{2}(2\log_{10}7 - 2\log_{10}3)$$

　　　　　　（指数の 2 を対数の前に出した）

$$= \log_{10}14 - \log_{10}3 - \log_{10}7 + \log_{10}3$$

　　　　　　（2 を約分した）

$$= \log_{10}14 - \log_{10}7$$

　　　　　　（$\log_{10}3$ が消えた）

$$= \log_{10}(2 \times 7) - \log_{10}7$$

　　　　　　（$14 = 2 \times 7$ に注目した）

$$= \log_{10}2 + \log_{10}7 - \log_{10}7$$

　　　　　　（掛け算の対数を対数の足し算に変形した）

$$= \log_{10}2$$

　　　　　　（$\log_{10}7$ が消えて簡単になった）

この例ではどんどん分解していきましたが，次のように合成していっても計算できます．

$$\log_{10}\frac{14}{3} - \frac{1}{2}\log_{10}\frac{49}{9} = \log_{10}\frac{14}{3} - \log_{10}\left(\frac{49}{9}\right)^{\frac{1}{2}}$$

(1/2 を対数の中に移動して指数とした)

$$= \log_{10}\frac{14}{3} - \log_{10}\frac{7}{3}$$

(2 番目の対数の中を計算した)

$$= \log_{10}\frac{\frac{14}{3}}{\frac{7}{3}}$$

(対数の引き算を割り算の対数に変形した)

$$= \log_{10}\frac{14}{7}$$

(対数の中を計算した)

$$= \log_{10} 2$$

(対数の中を計算した)

問題

問題 3.7 次の式を簡単にしてください.

(1) $3\log_{10} 3 - \log_{10} 15 - \log_{10} 9$

(2) $3\log_{10}\sqrt{2} + \frac{1}{2}\log_{10}\frac{1}{3} - \frac{3}{2}\log_{10} 6$

問題 3.8 つぎの式を $a = \log_{10} x$, $b = \log_{10} y$ で表してください.

(1) $\log_{10} xy^2$ (2) $\log_{10}\sqrt{xy^3}$ (3) $\log_{10}\sqrt[3]{x^2 y^4}$

(4) $\log_{10}\dfrac{x^3}{y^2}$ (5) $\log_{10}\dfrac{1}{xy}$

3.7 騒音レベル

音波は毎秒約 340 m の速さで伝わりますが,その波動は音圧 (空気の圧力) の変化としてわたくしたちの耳で感知されます.それが音です.わたくしたちが感じることのできる最小の音圧 (最小可聴音圧) は $20~\mu\text{Pa} = 20 \times 10^{-6}\text{Pa}$,最大の音圧は 200 Pa といわれています[*1].このようにわたくしたちが聞くことのできる最大の音圧は最小の音圧の 10^7 (一千万) 倍もあります.そこで,対数を利用して音圧の大小 (音圧レベル) を定義しています.

一般に音の強さ (パワー,エネルギー) と音圧の 2 乗が比例するので,音圧レベルは音の強さに換算されて計算され,dB (デシベル) という単位で計られます.dB は基準となる音の強さを W_0,測定された音の強さを W とするとき

$$10 \log_{10} \frac{W}{W_0}$$

で定められる値です.今,基準となる音圧 p_0 を最小可聴音圧 20×10^{-6} Pa にとります.このとき,測定した音圧が p Pa なら,$W = kp^2$,$W_0 = kp_0^2$ (k は音の強さと音圧の 2 乗の間の比例定数です) を上の式に代入して得られる

$$10 \log_{10} \frac{p^2}{p_0{}^2} = 20 \log_{10} \frac{p}{p_0} = 20 \log_{10} \frac{p}{20 \times 10^{-6}}$$

を**音圧レベル** (SPL, sound pressure level) といいます.簡単にいえば,$20 \log_{10}(p/p_0)$ が音圧レベルの定義です.音圧レベルは音自身の音圧ではなく,最小可聴音圧との比を用いて表される量です.もし測定した音圧 p が最小可聴音圧 20 μPa に等しければ,音圧レベルは $20 \log_{10} 1 = 0$ dB です.

人間は低い音 (周波数の低い音) に鈍感なので,騒音として音圧レベルを計測する場合には,図[6] のような A 特性と呼ばれる周波数特性によって補正を行います.この補正後の値を**騒音レベル**といいます (このときには dB(A) とも書きます).グラフを見ると,A 特性の 100Hz のときのレベルが -20 dB となっ

[*1] μPa はマイクロパスカル.μ や下に出てくるデシ (d) などの接頭語については 30 ページのコラム 2 を参照してください.Pa は圧力の単位で,1 m² に 1 N(ニュートン) の力を加えたときの圧力が 1 Pa です.天気予報ではヘクトパスカル hPa が使われています.

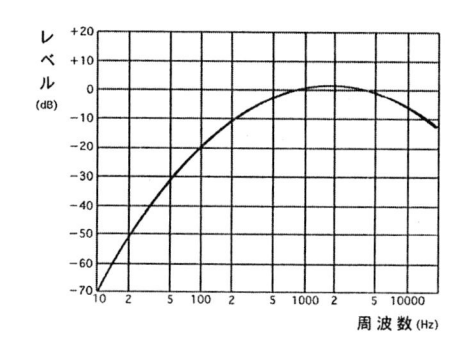

ています．これは「100 Hz の音を騒音計で測定したときには，実際の音圧レベルから 20 を引いたレベルを騒音レベルとする」ということです．騒音レベルには「ホン」という単位も昔使われていましたが，1993 年以降は dB を使うことになっています（ホンと dB はまったく同じです）．騒音の計測には等価騒音レベル，単発騒音暴露レベル，時間率騒音レベルなどいろいろあります．

例 3.6 L_1 dB と L_2 dB の音源があるとき，これらが合成された音圧レベル L は次のように計算される．L_1, L_2 に対する音圧をそれぞれ p_1, p_2 とすると，

$$L_1 = 10\log_{10}(p_1{}^2/p_0{}^2), \quad L_2 = 10\log_{10}(p_2{}^2/p_0{}^2)$$

より，$p_1{}^2/p_0{}^2 = 10^{L_1/10}$, $p_2{}^2/p_0{}^2 = 10^{L_1/10}$ だから，

$$L = 10\log_{10}\left(\frac{p_1{}^2}{p_0{}^2} + \frac{p_2{}^2}{p_0{}^2}\right) = 10\log_{10}\left(10^{L_1/10} + 10^{L_2/10}\right)$$

問題

問題 3.9 80dB と 70dB の音源があるとき，これらを合わせたときの音圧レベルを計算してください．(この計算を dB の合成といいます．) $\log_{10} 1.1 = 0.04$ で計算してください．

問題 3.10 同じ音圧レベルの騒音を出している音源が 1 個から 2 個に増えたとすると，音圧レベルは何 dB 上昇するでしょうか．($\log_{10} 2 = 0.301$ です．)

3.8 自然対数と一般の対数

対数には常用対数のほかに自然対数があります．常用対数は「10を何乗すれば x になるか」という数だったのに対し，**自然対数**は「e を何乗すれば x になるか」という数を表します．x の自然対数を

$$\log x \text{ あるいは } \ln x$$

と書きます．$\log x$ は $\log_e x$ と書いてもよいのですが，自然対数の場合，小さく書く e は普通省略します．何も書いてなかったら e があると思ってください．

自然対数は 10 を e に変えただけで常用対数と同じ性質をもっています．$y = \log x$ のグラフも $y = \log_{10} x$ のグラフとよく似た形をしています（$\log e = 1$ であることに注意してください）．

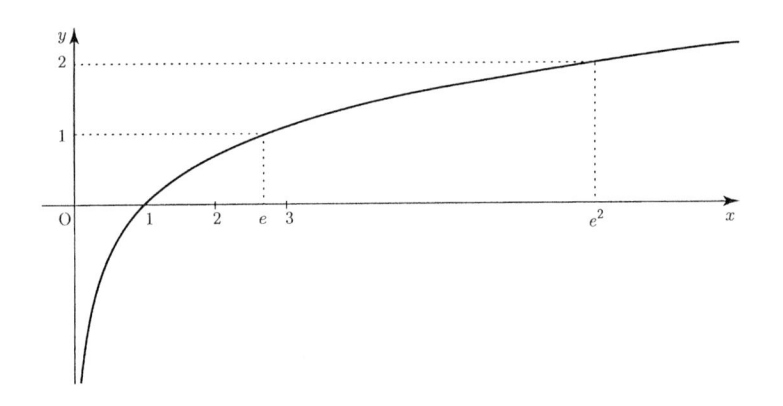

図 3.5　$y = \log x$ のグラフ

実際の観測を取り扱う場合には常用対数がよく用いられますが，理論的な分析のときには自然対数が用いられます．

一般に a を 1 でない正の数とするとき，「a を何乗して x になるか」という数を a を底とする x の**対数**といって，$\log_a x$ と書きます．常用対数は 10 を底

3.8 自然対数と一般の対数

とする対数，自然対数は e を底とする対数です．

異なる底の対数はつぎの関係式によって結びついています．

$$\boxed{\log_a x = \frac{\log_b x}{\log_b a}}$$

どうしてこの関係式が成り立つのかというと，それはこうです．上の関係式は $\log_a x \times \log_b a = \log_b x$ ですから，$\log_a x = p$，$\log_b a = q$ とおいて指数表示にすることを考えてみましょう．そうすると，$x = a^p$，$a = b^q$ ですから，$x = (b^q)^p = b^{pq}$ となります．これは $pq = \log_b x$ ということですから，$\log_a x \times \log_b a = \log_b x$ となり，たしかに上の関係式が成り立っていることがわかります．

例 3.7 $\log_{10} x$ の底を e に替えると $\log_{10} x = \dfrac{\log_e x}{\log_e 10}$ となる．

問　題

問題 3.11 つぎの対数の値を求めてください．
(1) $\log e$　　(2) $\log e^2$　　(3) $\log \sqrt{e}$　　(4) $\log e^{2/3}$
(5) $\log e^{-1}$　　(6) $\log e^{-2}$　　(7) $\log (1/\sqrt{e})$　　(8) $\log e^{-2/3}$

問題 3.12 つぎの対数の値を求めてください．
(1) $\log_2 2$　　(2) $\log_2 4$　　(3) $\log_2 8$　　(4) $\log_2 16$
(5) $\log_3 81$　　(6) $\log_3 1/9$　　(7) $\log_4 2$　　(8) $\log_4 1$

問題 3.13 つぎの対数をカッコの中の値を底とする対数に変換してください．
(1) $\log_8 3$ [2]　　(2) $\log_2 3$ [4]　　(3) $\log_{10} 2$ [2]　　(4) $\log_3 4$ [e]

問題 3.14 つぎの対数の値を求めてください．
(1) $\log_2 3 \cdot \log_3 2$　　(2) $\log_2 3 \cdot \log_3 4 \cdot \log_4 2$

3.9 生物の多様度

生物の多様性を表すにはいろいろな方法があります．もっとも簡単なのは種類の数を数え上げる方法ですが，この方法では種の出現する割合はまったく考慮されていません．そこで種の出現割合も考えた指数として考えられているのが多様度です．サンプル中に m 種の生物がそれぞれ $N_1, N_2, \cdots, N_m$ 個あるとき，$N_1 + N_2 + \cdots + N_m = N$ とおくと，この群集の**多様度** H は

$$H = -\sum_{i=1}^{m} p_i \log_2 p_i, \quad p_i = \frac{N_i}{N},$$

で表されます（$\sum$ 記号については 54 ページのコラム 4 を見てください）．この多様度の式は，もともとシャノンが 1949 年に情報の数学的理論の中でエントロピーとして定義したものを，マッカーサーが 1961 年に鳥類の多様度解析に用いたのが始まりです．

例 3.8 m 種が均等に出現するとき，頻度はすべて $p_i = 1/m$ であるから，

$$H = -\sum_{i=1}^{m} \frac{1}{m} \log_2 \frac{1}{m} = \log_2 m$$

つぎの例のように多様度は種類数が多いだけでは必ずしも大きくなりません．

例 3.9 100 種のうちのある 1 種類の出現頻度が 0.99（99%）で，残りの 99 種の出現頻度がそれぞれ 0.01/99 だとすると，多様度は

$$H = -0.99 \log_2 0.99 - 99 \times \left(\frac{0.01}{99} \log_2 \frac{0.01}{99} \right) \fallingdotseq 0.1471$$

である（$\log_2(0.01/99)$ の計算については，第 3.10 節を見てください）．一方，10 種のものが均等に出現するときの多様度は前の例より

$$H = \log_2 10 = \frac{1}{\log_{10} 2} \fallingdotseq \frac{1}{0.3010} \fallingdotseq 3.322$$

である（$\log_{10} 2 \fallingdotseq 0.3010$ です）．

3.9 生物の多様度

環境が汚染されると，汚濁物質に適応した種が増加し，適応できない種は減少します．このような個体数の変動を数量化するのに多様度が用いられます．図 3.6 は排水が流れ込んだときの，排水口からの距離と多様度の関係を示す模式例です．排水口付近で急激に多様度が減少し，その後徐々に増加してゆきます．

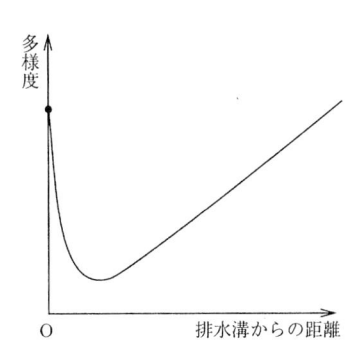

図 3.6 排水口からの距離と多様度

このような多様度を示すものとしては，ほかに「種の多様性」，「マルガレフの指数」などがあります．

なお水質汚濁に関連して，対数とは直接関係はありませんが，1986 年ごろから提案されている **DAIpo**（ダイポ，**有機汚濁指数**）について述べておきます．これは珪藻群集を用いた水質汚濁の評価方法で，ある地点に出現した好汚濁性種の珪藻群集中における相対頻度の和を S，その地点に出現した好清水性種の珪藻群集中の相対頻度の和を X とするとき，$50 + (X - S)/2$ で求められる値です．この値は BOD と高い相関をもっていることが示されています（DAIpo を縦軸に通常の目盛りで，BOD を横軸に対数目盛りでプロットします）．

問　題

問題 3.15 100 種のものが均等に出現するときの多様度を求めてください．

3.10 常用対数表

関数電卓やパソコンの OS に付属している関数電卓を使えば対数の値をすぐ求めることができますが，そのような道具がないときには対数表を利用して計算します．

52〜53 ページの**常用対数表**は 1.00 から 9.99 までの対数を四捨五入して小数第 4 桁まで示したものです．

たとえば $\log_{10} 2.34$ の値は 0.3692 です．

数	0	1	2	3	4
⋮					
2.2					
2.3					.3692

このように 1.00 から 9.99 までの常用対数は表からすぐわかりますが，それ以外の常用対数の値も求めることができます．

まず，数値の並びが同じで小数点の位置だけが異なる数の常用対数は次のようにして求めることができます．たとえば，

$\log_{10} 2340 = \log_{10}(10^3 \times 2.34) = 3 + \log_{10} 2.34 = 3 + 0.3692$

$\log_{10} 234 = \log_{10}(10^2 \times 2.34) = 2 + \log_{10} 2.34 = 2 + 0.3692$

$\log_{10} 23.4 = \log_{10}(10 \times 2.34) = 1 + \log_{10} 2.34 = 1 + 0.3692$

$\log_{10} 2.34 = 0.3692$

$\log_{10} 0.234 = \log_{10}(10^{-1} \times 2.34) = -1 + \log_{10} 2.34 = -1 + 0.3692$

$\log_{10} 0.0234 = \log_{10}(10^{-2} \times 2.34) = -2 + \log_{10} 2.34 = -1 + 0.3692$

ここで，$-1+0.3692$ や $-1+0.3692$ などをそれぞれ $\bar{1}.3692$，$\bar{2}.3692$ と書くことにすると，これらの常用対数は小数部分がすべて同じで，整数部分だけで違うようになります．この整数部分を**指標**，小数部分を**仮数**といいます．常

用対数は指標と仮数を求めれば求まります.

まず,常用対数の指標は与えられた数を見ればすぐにわかります.

例 3.10

$\log_{10} 2340$ の指標は,$2340 = 10^3 \times 2.34$ より 3 である.
$\log_{10} 0.0234$ の指標は,$0.02340 = 10^{-2} \times 2.34$ より $\bar{2}$ である.

仮数は最初に述べたように表を引けばわかりますから,これらを組み合わせれば表にない常用対数を求めることができます.

例 3.11

$\log_{10} 0.777$ は指標が $\bar{1}$,仮数が(表より)0.8904 であるから,$\log_{10} 0.777 = \bar{1}.8904 = -1 + 0.8904 = -0.1096$ である.

底が 10 でない場合は,3.8 節で述べた公式

$$\log_a x = \frac{\log_{10} x}{\log_{10} a}$$

を用いて底を 10 に変えてから,対数表を用いて計算をします.底が 10 の対数しか計算できない電卓でもこの公式を使えば計算ができます.

問 題

問題 3.16 つぎの常用対数の値を求めてください.

(1) $\log_{10} 2.46$ 　(2) $\log_{10} 89100$ 　(3) $\log_{10} 0.00567$

問題 3.17 常用対数表を用いて $\log 2 \, (= \log_e 2)$ を求めてください.

常用対数表 (1)

数	0	1	2	3	4	5	6	7	8	9
1.0	.0000	.0043	.0086	.0128	.0170	.0212	.0253	.0294	.0334	.0374
1.1	.0414	.0453	.0492	.0531	.0569	.0607	.0645	.0682	.0719	.0755
1.2	.0792	.0828	.0864	.0899	.0934	.0969	.1004	.1038	.1072	.1106
1.3	.1139	.1173	.1206	.1239	.1271	.1303	.1335	.1367	.1399	.1430
1.4	.1461	.1492	.1523	.1553	.1584	.1614	.1644	.1673	.1703	.1732
1.5	.1761	.1790	.1818	.1847	.1875	.1903	.1931	.1959	.1987	.2014
1.6	.2041	.2068	.2095	.2122	.2148	.2175	.2201	.2227	.2253	.2279
1.7	.2304	.2330	.2355	.2380	.2405	.2430	.2455	.2480	.2504	.2529
1.8	.2553	.2577	.2601	.2625	.2648	.2672	.2695	.2718	.2742	.2765
1.9	.2788	.2810	.2833	.2856	.2878	.2900	.2923	.2945	.2967	.2989
2.0	.3010	.3032	.3054	.3075	.3096	.3118	.3139	.3160	.3181	.3201
2.1	.3222	.3243	.3263	.3284	.3304	.3324	.3345	.3365	.3385	.3404
2.2	.3424	.3444	.3464	.3483	.3502	.3522	.3541	.3560	.3579	.3598
2.3	.3617	.3636	.3655	.3674	.3692	.3711	.3729	.3747	.3766	.3784
2.4	.3802	.3820	.3838	.3856	.3874	.3892	.3909	.3927	.3945	.3962
2.5	.3979	.3997	.4014	.4031	.4048	.4065	.4082	.4099	.4116	.4133
2.6	.4150	.4166	.4183	.4200	.4216	.4232	.4249	.4265	.4281	.4298
2.7	.4314	.4330	.4346	.4362	.4378	.4393	.4409	.4425	.4440	.4456
2.8	.4472	.4487	.4502	.4518	.4533	.4548	.4564	.4579	.4594	.4609
2.9	.4624	.4639	.4654	.4669	.4683	.4698	.4713	.4728	.4742	.4757
3.0	.4771	.4786	.4800	.4814	.4829	.4843	.4857	.4871	.4886	.4900
3.1	.4914	.4928	.4942	.4955	.4969	.4983	.4997	.5011	.5024	.5038
3.2	.5051	.5065	.5079	.5092	.5105	.5119	.5132	.5145	.5159	.5172
3.3	.5185	.5198	.5211	.5224	.5237	.5250	.5263	.5276	.5289	.5302
3.4	.5315	.5328	.5340	.5353	.5366	.5378	.5391	.5403	.5416	.5428
3.5	.5441	.5453	.5465	.5478	.5490	.5502	.5514	.5527	.5539	.5551
3.6	.5563	.5575	.5587	.5599	.5611	.5623	.5635	.5647	.5658	.5670
3.7	.5682	.5694	.5705	.5717	.5729	.5740	.5752	.5763	.5775	.5786
3.8	.5798	.5809	.5821	.5832	.5843	.5855	.5866	.5877	.5888	.5899
3.9	.5911	.5922	.5933	.5944	.5955	.5966	.5977	.5988	.5999	.6010
4.0	.6021	.6031	.6042	.6053	.6064	.6075	.6085	.6096	.6107	.6117
4.1	.6128	.6138	.6149	.6160	.6170	.6180	.6191	.6201	.6212	.6222
4.2	.6232	.6243	.6253	.6263	.6274	.6284	.6294	.6304	.6314	.6325
4.3	.6335	.6345	.6355	.6365	.6375	.6385	.6395	.6405	.6415	.6425
4.4	.6435	.6444	.6454	.6464	.6474	.6484	.6493	.6503	.6513	.6522
4.5	.6532	.6542	.6551	.6561	.6571	.6580	.6590	.6599	.6609	.6618
4.6	.6628	.6637	.6646	.6656	.6665	.6675	.6684	.6693	.6702	.6712
4.7	.6721	.6730	.6739	.6749	.6758	.6767	.6776	.6785	.6794	.6803
4.8	.6812	.6821	.6830	.6839	.6848	.6857	.6866	.6875	.6884	.6893
4.9	.6902	.6911	.6920	.6928	.6937	.6946	.6955	.6964	.6972	.6981
5.0	.6990	.6998	.7007	.7016	.7024	.7033	.7042	.7050	.7059	.7067
5.1	.7076	.7084	.7093	.7101	.7110	.7118	.7126	.7135	.7143	.7152
5.2	.7160	.7168	.7177	.7185	.7193	.7202	.7210	.7218	.7226	.7235
5.3	.7243	.7251	.7259	.7267	.7275	.7284	.7292	.7300	.7308	.7316
5.4	.7324	.7332	.7340	.7348	.7356	.7364	.7372	.7380	.7388	.7396

常用対数表 (2)

数	0	1	2	3	4	5	6	7	8	9
5.5	.7404	.7412	.7419	.7427	.7435	.7443	.7451	.7459	.7466	.7474
5.6	.7482	.7490	.7497	.7505	.7513	.7520	.7528	.7536	.7543	.7551
5.7	.7559	.7566	.7574	.7582	.7589	.7597	.7604	.7612	.7619	.7627
5.8	.7634	.7642	.7649	.7657	.7664	.7672	.7679	.7686	.7694	.7701
5.9	.7709	.7716	.7723	.7731	.7738	.7745	.7752	.7760	.7767	.7774
6.0	.7782	.7789	.7796	.7803	.7810	.7818	.7825	.7832	.7839	.7846
6.1	.7853	.7860	.7868	.7875	.7882	.7889	.7896	.7903	.7910	.7917
6.2	.7924	.7931	.7938	.7945	.7952	.7959	.7966	.7973	.7980	.7987
6.3	.7993	.8000	.8007	.8014	.8021	.8028	.8035	.8041	.8048	.8055
6.4	.8062	.8069	.8075	.8082	.8089	.8096	.8102	.8109	.8116	.8122
6.5	.8129	.8136	.8142	.8149	.8156	.8162	.8169	.8176	.8182	.8189
6.6	.8195	.8202	.8209	.8215	.8222	.8228	.8235	.8241	.8248	.8254
6.7	.8261	.8267	.8274	.8280	.8287	.8293	.8299	.8306	.8312	.8319
6.8	.8325	.8331	.8338	.8344	.8351	.8357	.8363	.8370	.8376	.8382
6.9	.8388	.8395	.8401	.8407	.8414	.8420	.8426	.8432	.8439	.8445
7.0	.8451	.8457	.8463	.8470	.8476	.8482	.8488	.8494	.8500	.8506
7.1	.8513	.8519	.8525	.8531	.8537	.8543	.8549	.8555	.8561	.8567
7.2	.8573	.8579	.8585	.8591	.8597	.8603	.8609	.8615	.8621	.8627
7.3	.8633	.8639	.8645	.8651	.8657	.8663	.8669	.8675	.8681	.8686
7.4	.8692	.8698	.8704	.8710	.8716	.8722	.8727	.8733	.8739	.8745
7.5	.8751	.8756	.8762	.8768	.8774	.8779	.8785	.8791	.8797	.8802
7.6	.8808	.8814	.8820	.8825	.8831	.8837	.8842	.8848	.8854	.8859
7.7	.8865	.8871	.8876	.8882	.8887	.8893	.8899	.8904	.8910	.8915
7.8	.8921	.8927	.8932	.8938	.8943	.8949	.8954	.8960	.8965	.8971
7.9	.8976	.8982	.8987	.8993	.8998	.9004	.9009	.9015	.9020	.9025
8.0	.9031	.9036	.9042	.9047	.9053	.9058	.9063	.9069	.9074	.9079
8.1	.9085	.9090	.9096	.9101	.9106	.9112	.9117	.9122	.9128	.9133
8.2	.9138	.9143	.9149	.9154	.9159	.9165	.9170	.9175	.9180	.9186
8.3	.9191	.9196	.9201	.9206	.9212	.9217	.9222	.9227	.9232	.9238
8.4	.9243	.9248	.9253	.9258	.9263	.9269	.9274	.9279	.9284	.9289
8.5	.9294	.9299	.9304	.9309	.9315	.9320	.9325	.9330	.9335	.9340
8.6	.9345	.9350	.9355	.9360	.9365	.9370	.9375	.9380	.9385	.9390
8.7	.9395	.9400	.9405	.9410	.9415	.9420	.9425	.9430	.9435	.9440
8.8	.9445	.9450	.9455	.9460	.9465	.9469	.9474	.9479	.9484	.9489
8.9	.9494	.9499	.9504	.9509	.9513	.9518	.9523	.9528	.9533	.9538
9.0	.9542	.9547	.9552	.9557	.9562	.9566	.9571	.9576	.9581	.9586
9.1	.9590	.9595	.9600	.9605	.9609	.9614	.9619	.9624	.9628	.9633
9.2	.9638	.9643	.9647	.9652	.9657	.9661	.9666	.9671	.9675	.9680
9.3	.9685	.9689	.9694	.9699	.9703	.9708	.9713	.9717	.9722	.9727
9.4	.9731	.9736	.9741	.9745	.9750	.9754	.9759	.9763	.9768	.9773
9.5	.9777	.9782	.9786	.9791	.9795	.9800	.9805	.9809	.9814	.9818
9.6	.9823	.9827	.9832	.9836	.9841	.9845	.9850	.9854	.9859	.9863
9.7	.9868	.9872	.9877	.9881	.9886	.9890	.9894	.9899	.9903	.9908
9.8	.9912	.9917	.9921	.9926	.9930	.9934	.9939	.9943	.9948	.9952
9.9	.9956	.9961	.9965	.9969	.9974	.9978	.9983	.9987	.9991	.9996

コラム 4：和を表すシグマ記号 Σ

生物の多様度の定義（3.9 節）は

$$H = -\sum_{i=1}^{m} p_i \log_2 p_i, \quad p_i = \frac{N_i}{N},$$

ですが，これは

$$H = -(p_1 \log_2 p_1 + p_2 \log_2 p_2 + p_3 \log_2 p_3 + \cdots + p_m \log_2 p_m)$$

と同じです．括弧の中をよく見ると $p_1 \log_2 p_1$, $p_2 \log_2 p_2$, $p_3 \log_2 p_3$, $\cdots$ と添え字だけを 1, 2, 3, $\cdots$ と変えながら $p_m \log_2 p_m$ まで加えています．このような場合，$p_i \log_2 p_i$ の i を 1, 2, 3, $\cdots$, m と動かしながら順に加えてゆくという意味で，$\sum_{i=1}^{m} p_i \log_2 p_i$ と書きます．ここでは添え字の代表を i としましたが，i である必要はありません．たとえば添え字を k とすると，$\sum_{k=1}^{m} p_k \log_2 p_k$ となりますが，これは上とまったく同じ式を表します．i も k も 1 から m まで動いてしまうので，プラス記号で書くと i も k も消えてしまうからです．添え字として使える文字にとくに決まりはありませんが，普通 i, j, k, ℓ, m, n, p, q, r, s, t, u, v, w などが使われます．

ところで，$\sum_{i=1}^{m} a$ というように加えられる式の中に添え字がないときはどうなるのでしょうか．このときには i が 1 でも 2 でも 3 でも，$\cdots$，m でも，いつも a と解釈して，

$$\sum_{i=1}^{m} a = a + a + a + \cdots + a = ma$$

とします．たとえば例 3.8 に $\sum_{i=1}^{m} \frac{1}{m} \log_2 \frac{1}{m}$ という式がありますが（マイナス記号は最後につけるだけなので，ここでは省いてあります），加えられる式の中に添え字 i が見当たりません．したがって $\frac{1}{m} \log_2 \frac{1}{m}$ が m 個加えられて，$m \times \frac{1}{m} \log_2 \frac{1}{m} = \log_2 \frac{1}{m}$ となります．この式では，加えられる式の中にも，$\sum$ の上にも m があります．混乱しそうな読者は，たとえば $m = 3$ として考えてみてください．この場合

$$\sum_{i=1}^{3} \frac{1}{3} \log_2 \frac{1}{3} = \frac{1}{3} \log_2 \frac{1}{3} + \frac{1}{3} \log_2 \frac{1}{3} + \frac{1}{3} \log_2 \frac{1}{3} = 3 \times \frac{1}{3} \log_2 \frac{1}{3} = \log_2 \frac{1}{3}$$

となります．

4

微　分

　本章の読み方　本章では微分法について学びます．
　ポイント 1. 微分係数と導関数　4.1 節から 4.3 節までは本書の主役である指数関数，対数関数に焦点を当てて微分法の考え方を説明します．特に 4.2 節で学ぶ微分係数と導関数の概念が重要ですから，確実に理解してください．
　ポイント 2. 微分法の公式　4.4 節から 4.6 節までは微分法の公式を学びます．公式の説明部分は飛ばしてもかまいませんが，公式自体は覚えなくてはなりません．
　ポイント 3. 関数の増減とグラフ　4.7 節と 4.8 節はグラフの概形を描くことを目標としています．4.8 節の第二次導関数の正負とグラフの凹凸の関係は最初は少し難しいので，時間をかけてよく考えてください．
　ポイント 4. 合成関数の微分法と対数微分法　4.9，4.11 節で説明することも微分法の公式ですが，4.4 節から 4.6 節で述べた公式よりは少し難しいので，グラフを描く練習の後に述べます．とくに 4.9 節の合成関数の微分法は本書の後の章を読むには必須ですから，難しくても必ずマスターしてください．4.10 節では第 2 章で学んだ放射性核種の半減期を求め，炭素 14 を用いた年代測定法を説明します．また合成関数の微分法の数学的応用例として 4.11 節で対数微分法を説明します．これは微分の基本公式の補足や第 3 章で学んだ対数法則の復習なども兼ねています．最後の 4.12 節では，第 2 章で学んだ光合成の速さと光量の関係を示すスティールの式のグラフを実際に描いてみます．
　全部で 12 節，24 ページですが，重要な事柄が満載されています．頑張ってください．

4.1 ネーピアの数再論

ネーピアの数 e とは,指数関数 $y = a^x$ のグラフ上の点 P(0,1) での接線の傾きが 1 になるときの a の値のことでした(2.8 節).

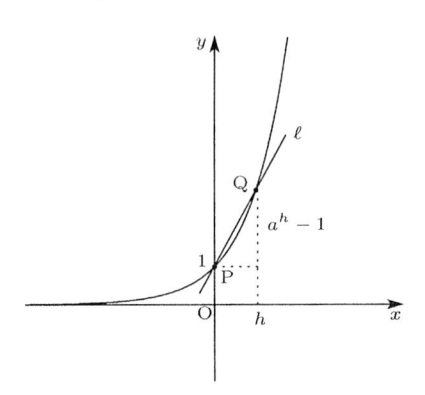

図 4.1 指数関数 $y = a^x$ のグラフ

今,$y = a^x$ 上に点 Q をとって,二点 P, Q を結んだ直線 ℓ を考えましょう.Q の x 座標を h とすると,Q の y 座標は a^h ですから,直線 ℓ の傾きは

$$\frac{a^h - a^0}{h - 0} = \frac{a^h - 1}{h}$$

です.ところで,曲線 $y = a^x$ に点 P で引いた**接線**というのは,図 4.1 で h を 0 に近づけたとき(このとき点 Q は曲線上を点 P に近づいてゆきます),直線 ℓ が近づいてゆく直線のことです.したがって,h を 0 に近づけたとき,直線 ℓ の傾きが近づく値が点 P での接線の傾きです.以下一般に,h を 0 に近づけたとき式(たとえば F としましょう)の近づいてゆく値を

$$\lim_{h \to 0} F \quad (\text{lim は「リミット(極限)」と読む})$$

と書くことにします.この記号を使うと,点 P での接線の傾きは

$$\lim_{h \to 0} \frac{a^h - 1}{h}$$

で表されます．ネーピアの数 e というのは，この値が 1 になるような a のことですから，

$$\boxed{\lim_{h \to 0} \frac{e^h - 1}{h} = 1}$$

です．

今，$e^h - 1 = z$ とおくと，h が 0 に近づくとき，(e^h は 1 に近づきますから) z は 0 に近づきます．また $e^h = 1 + z$ より $h = \log(1+z)$ ですから，

$$\lim_{z \to 0} \frac{z}{\log(1+z)} = 1$$

です．一般に式 F の値が 1 に近づくなら，その逆数 $1/F$ も 1 に近づきますから，

$$\lim_{z \to 0} \frac{\log(1+z)}{z} = 1$$

です．対数の性質によって $\dfrac{1}{z} \log(1+z) = \log(1+z)^{1/z}$ ですから，

$$\lim_{z \to 0} \log(1+z)^{1/z} = 1$$

となります．さて，z が 0 に近づくとき $\log(1+z)^{1/z}$ が 1 に近づくということは，z が 0 に近づくとき $(1+z)^{1/z}$ が e に近づくということです（$\log e = 1$ でした）．こうして

$$\boxed{\lim_{z \to 0} (1+z)^{1/z} = e}$$

であることがわかりました．たとえば z を 1, $1/10$, $1/100$, $1/1000$ というように小さくしながら，コンピュータで $(1+z)^{1/z}$ の値を計算してゆくと，次第に $2.718\cdots$ という値に近づくことがわかります．

問 題

問題 4.1 電卓を使ってつぎの表を完成させてください．

z	$(1+z)^{1/z}$	z	$(1+z)^{1/z}$	z	$(1+z)^{1/z}$	z	$(1+z)^{1/z}$
1/10		1/20		1/30		1/40	
1/50		1/60		1/70		1/80	

4.2 微分係数と導関数

前節(4.1節)で考えた接線の傾きの求め方は一般に通用する考え方で,とても重要ですからもう一度まとめておきます.

関数 $y = f(x)$ が与えられたとき,この関数のグラフの $x = a$ での接線(すなわち,点 $\mathrm{P}(a, f(a))$ で引いた接線)の傾きは

$$\lim_{h \to 0} \frac{f(a+h) - f(a)}{h}$$

で与えられます.実際,曲線上に別の点 Q をとると,直線 PQ の傾きは

$$\frac{f(a+h) - f(a)}{h}$$

ですから,この式で h を 0 に近づければ,点 P で引いた接線の傾きが得られます(図 4.2).この接線の傾きのことを関数 $y = f(x)$ の $x = a$ での**微分係**

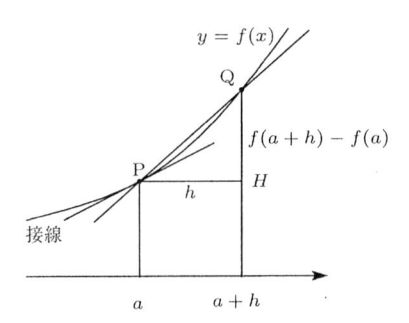

図 4.2 h を 0 に近づけると直線 PQ は接線に近づく

数ともいい,$f'(a)$ と書きます.すなわち,

$$\boxed{f'(a) = \lim_{h \to 0} \frac{f(a+h) - f(a)}{h}}$$

です.

4.2 微分係数と導関数

例 4.1 関数 $y = x^2$ の $x = 1$ での微分係数は

$$f'(1) = \lim_{h \to 0} \frac{(1+h)^2 - 1^2}{h} = \lim_{h \to 0} \frac{2h + h^2}{h} = \lim_{h \to 0}(2 + h) = 2$$

である．すなわち，点 $(1, 1)$ で $y = x^2$ に引いた接線の傾きは 2 である．同様に $x = -1$ での微分係数は

$$f'(-1) = \lim_{h \to 0} \frac{(-1+h)^2 - (-1)^2}{h} = \lim_{h \to 0} \frac{-2h + h^2}{h} = \lim_{h \to 0}(-2 + h) = -2.$$

この例のように，x の個々の値に対してそれぞれ別々に微分係数を計算するよりも，それらを一括して計算しておく方が便利です．それが導関数と呼ばれるものです．すなわち，上の例の 1 や -1 を一般の x のまま計算した

$$\boxed{f'(x) = \lim_{h \to 0} \frac{f(x+h) - f(x)}{h}}$$

を関数 $y = f(x)$ の**導関数**といいます．導関数を簡単に y' とも書きます．

例 4.2 $f(x) = x^2$ の導関数は

$$f'(x) = \lim_{h \to 0} \frac{(x+h)^2 - x^2}{h} = \lim_{h \to 0} \frac{2xh + h^2}{h} = \lim_{h \to 0}(2x + h) = 2x$$

である．したがって $x = 1$, $x = -1$ での微分係数はそれぞれ $f'(1) = 2$, $f'(-1) = -2$ である．

導関数を求めることを「**微分する**」といいます．

導関数は y' や $f'(x)$ という記号で表されますが，ときには $(x^2)' = 2x$ というように，関数の本体に直接プライム $(')$ をつけて表すこともあります．

問 題

問題 4.2 つぎの関数を微分してください．
 (1) $f(x) = x^3$ (2) $y = x^2 + 1$

4.3 指数関数と対数関数の導関数，逆関数の導関数

$y = e^x$ の導関数は $y' = e^x$ で，もとの y と同じ関数になります．すなわち

$$\boxed{(e^x)' = e^x}.$$

説明 $\dfrac{e^{x+h} - e^x}{h} = e^x \times \dfrac{e^h - 1}{h}$ で，4.1 節で学んだように $\displaystyle\lim_{h \to 0} \dfrac{e^h - 1}{h} = 1$ ですから，

$$y' = \lim_{h \to 0} \frac{e^{x+h} - e^x}{h} = \lim_{h \to 0} \left\{ e^x \times \frac{e^h - 1}{h} \right\} = e^x \times 1 = e^x$$

となります．

一方，対数関数 $y = \log x$ の微分は

$$\boxed{(\log x)' = \frac{1}{x}}.$$

説明 これは指数関数のようには簡単にはわかりませんが，結果はとても簡単です．まず対数の性質を使うと

$$\frac{\log(x+h) - \log x}{h} = \frac{1}{h} \log \left(\frac{x+h}{x} \right) = \frac{1}{h} \log \left(1 + \frac{h}{x} \right)$$

となります．ここで $\dfrac{h}{x} = k$ とおくと，$\dfrac{1}{h} = \dfrac{1}{xk}$ ですから，

$$\frac{\log(x+h) - \log x}{h} = \frac{1}{x} \times \frac{1}{k} \log(1 + k) = \frac{1}{x} \log(1 + k)^{\frac{1}{k}}$$

となります．h が 0 に近づくとき k も 0 に近づきますから，

$$y' = \lim_{h \to 0} \frac{\log(x+h) - \log x}{h} = \lim_{k \to 0} \frac{1}{x} \log(1 + k)^{\frac{1}{k}}$$

となることがわかります．ここで 4.1 節の結果より，k が 0 に近づくとき $(1+k)^{1/k}$ は e に近づくので，結局

$$y' = \frac{1}{x} \log e = \frac{1}{x}$$

となります.

別法 ところで，対数関数 $y = \log x$ を x について解くと $x = e^y$ となります．これを y の関数と見てみましょう．このような関数を**逆関数**といいます．一般に，$y = f(x)$ を x について解いた $x = g(y)$ が $y = f(x)$ の**逆関数**です．

このとき，$y' = f'(x) \neq 0$ なら，逆関数 $x = g(y)$ の導関数 $x' = g'(y)$ はもとの関数 $y = f(x)$ の導関数 $y' = f'(x)$ を用いて

$$\boxed{x' = \frac{1}{y'}}$$

と表せます（したがって $y' = 1/x'$ です）．実際，図のように，変数 x が x から $x+k$ まで k 増えたとき，y が y から $y+h$ まで h 増えたとしましょう．

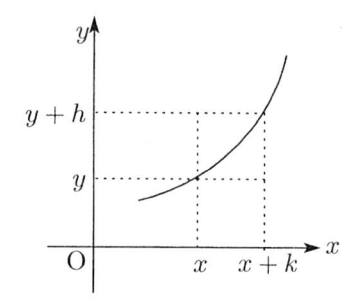

このとき，$h = f(x+k) - f(x)$，$k = g(y+h) - g(y)$ です（k については本を横にして眺めてください）．h が 0 に近づくとき k も 0 に近づきますから，

$$x' = \lim_{h \to 0} \frac{g(y+h) - g(y)}{h} = \lim_{h \to 0} \frac{1}{\frac{h}{g(y+h)-g(y)}} = \lim_{k \to 0} \frac{1}{\frac{f(x+k)-f(x)}{k}}$$

となりますが，k が 0 に近づくとき，この分母の $\dfrac{f(x+k) - f(x)}{k}$ は $y' = f'(x)$ となりますから $x' = 1/y'$ となります．

逆関数の導関数に関するこの公式に $y = \log x$ と $x = e^y$ を当てはめると，

$$y' = \frac{1}{(e^y)'} = \frac{1}{e^y} = \frac{1}{x}$$

となり，$y = \log x$ の導関数を簡単に求めることができます．

4.4 微分の基本公式 (1)

導関数を計算するのに便利な公式があります．これらの公式のお陰で，面倒な計算をしないで導関数を求めることができます．ここではまず，つぎの三つの公式を覚えてください．すなわち，a, c を定数とするとき，

> (1) $f(x) = x^a$ なら $f'(x) = ax^{a-1}$
> (2) $f(x) = c$ なら $f'(x) = 0$
> (3) $\{cf(x)\}' = cf'(x)$

公式 (1) の説明　$a = 2, 3$ の場合に $f'(x) = 2x$, $f'(x) = 3x^2$ となることは 4.2 節（例 4.2，問題 4.2）で計算しましたが，どんな数 a に対して $f'(x) = ax^{a-1}$ が成り立ちます．すなわち，a は自然数だけでなく，0 や負の数でも成り立ちます．また，1/2 などの分数でも成り立ちます．これについては 4.11 節の例 4.14（76 ページ）でもう一度説明します．

例 4.3
(1) $f(x) = \sqrt{x} = x^{\frac{1}{2}}$ のとき $f'(x) = \dfrac{1}{2}x^{\frac{1}{2}-1} = \dfrac{1}{2}x^{-\frac{1}{2}} = \dfrac{1}{2\sqrt{x}}$
(2) $f(x) = \dfrac{1}{x} = x^{-1}$ のとき $f'(x) = -x^{-1-1} = -\dfrac{1}{x^2}$

公式 (2) の説明　$f(x) = c$ というのは x の値が何であっても値が定数 c であるような関数を表します．このように一定の値だけをとる関数を**定数関数**といいます．たとえば $f(x) = 2$ というのは x がどんな値であっても値が 2 であるような関数です．

さて関数 $f(x) = c$ に対しては
$$\frac{f(x+h) - f(x)}{h} = \frac{c - c}{h} = 0$$
で，これは h に関係なく常に 0 ですから，h が 0 に近づくときもこの値は 0 のままです．よって $f'(x) = 0$ です．これが公式 (2) です．

4.4 微分の基本公式 (1)

公式 (3) の説明 たとえば関数 $y = 2x^3$ は $f(x) = x^3$ という関数の 2 倍と考えることができます．このように，関数 $f(x)$ を定数倍した $cf(x)$ 全体の導関数が $f(x)$ の導関数の c 倍に等しい，というのが公式 (3) $\{cf(x)\}' = cf'(x)$ の意味です．

これは簡単に証明することができます．関数 $cf(x)$ に $x+h$ を入れたものは $cf(x+h)$ ですから，

$$\frac{cf(x+h) - cf(x)}{h} = c \times \frac{f(x+h) - f(x)}{h}$$

となります．ここで h を 0 に近づけると，$\dfrac{f(x+h) - f(x)}{h}$ の部分が $f'(x)$ になりますから，全体としては $cf'(x)$ になることがわかります．

例 4.4 関数 $y = 2x^3$ を微分すると，

$$y' = (2x^3)' = 2(x^3)' = 2 \times 3x^2 = 6x^2.$$

問 題

問題 4.3 つぎの関数の導関数を求めてください（$f(x) =$, $y =$ という部分は省いています）．

(1) x^4　　(2) $x^{\frac{2}{3}}$　　(3) x^{-4}　　(4) $\dfrac{1}{x^2}$　　(5) -1

問題 4.4 つぎの関数の導関数を求めてください．

(1) $3x^4$　　(2) $-\dfrac{2}{x}$　　(3) $\dfrac{2}{\sqrt{x}}$　　(4) $\dfrac{1}{3}x^3$

4.5 微分の基本公式 (2)

前節に引きつづき，微分の基本公式を覚えましょう．それはつぎの和と差の導関数に関する公式です．

$$(4)\ \{f(x)+g(x)\}' = f'(x)+g'(x)$$
$$(5)\ \{f(x)-g(x)\}' = f'(x)-g'(x)$$

公式 (4) の説明 関数 $y = x^3 + 3x^2$ は二つの関数 $f(x) = x^3$, $g(x) = 3x^2$ の和と考えられます．このような二つの関数 $f(x)$, $g(x)$ の和の導関数 $\{f(x)+g(x)\}'$ が $f(x)$, $g(x)$ それぞれの導関数 $f'(x)$, $g'(x)$ の和 $f'(x)+g'(x)$ に等しいというのが公式 (4) です．和の導関数を計算するにはそれぞれの導関数を別々に計算して加えればよい，ということです．実際，

$$\begin{aligned}
\{f(x)+g(x)\}' &= \lim_{n \to 0} \frac{\{f(x+h)+g(x+h)\} - \{f(x)+g(x)\}}{h} \\
&= \lim_{n \to 0} \frac{\{f(x+h)-f(x)\} + \{g(x+h)-g(x)\}}{h} \\
&= \lim_{n \to 0} \left\{ \frac{f(x+h)-f(x)}{h} + \frac{g(x+h)-g(x)}{h} \right\}
\end{aligned}$$

となりますが，h が 0 に近づくとき，$\dfrac{f(x+h)-f(x)}{h}$ は $f'(x)$ になり，$\dfrac{g(x+h)-g(x)}{h}$ は $g'(x)$ になりますから，この最後の式は $f'(x)+g'(x)$ に等しいのです．

例 4.5 関数 $y = 3x^2 + 4x$ を微分すると，

$$\begin{aligned}
y' &= (3x^2+4x)' = (3x^2)' + (4x)' \quad (\text{公式 (4) による}) \\
&= 3(x^2)' + 4(x)' \quad (\text{公式 (3) による}) \\
&= 3 \times 2x + 4 \times 1x^0 \quad (\text{公式 (1) による}) \\
&= 6x + 4.
\end{aligned}$$

公式 (5) の説明 公式 (5) は公式 (4) の足し算が引き算になった形です．差の導関数を計算するにはそれぞれの導関数を別々に計算して引けばよい，ということです．

これは公式 (4) と同じようにしてもわかりますが，和に関する公式 (4) と定数倍に関する公式 (3) を使って

$$
\begin{aligned}
\{f(x) - g(x)\}' &= \{f(x) + (-1)g(x)\}' \\
&= f'(x) + \{(-1)g(x)\}' \\
&= f'(x) + (-1)g'(x) \\
&= f'(x) - g'(x)
\end{aligned}
$$

とすれば簡単にわかります．

例 4.6 関数 $y = 3x^2 - 4x$ を微分すると

$$
\begin{aligned}
y' = (3x^2 - 4x)' &= (3x^2)' - (4x)' \quad \text{(公式 (5) による)} \\
&= 3(x^2)' - 4(x)' \quad \text{(公式 (3) による)} \\
&= 3 \times 2x - 4 \times 1x^0 \quad \text{(公式 (1) による)} \\
&= 6x - 4.
\end{aligned}
$$

公式 (1) から (5) を用いると，導関数を機械的に求めることができます．慣れてくるとほとんど暗算で計算ができます．導関数というのは一般の点 x でのグラフに引いた接線の傾きでした．それを定義にもとづいて求めるのは面倒ですが，それが暗算でできてしまうというのですから驚きです．

問　題

問題 4.5 次の関数を微分してください．
(1) $4x + 6$ 　(2) $x^4 - x$ 　(3) $-2x^3 - 3x^2 - 4x + 6$ 　(4) $2\sqrt{x} - \dfrac{1}{2\sqrt{x}}$

4.6 微分の基本公式 (3)

前節では和と差の微分の公式を学びましたが,積と商の微分の公式もあります.それがつぎの公式 (6) と (7) です.

$$
\begin{aligned}
&(6)\ \{f(x)g(x)\}' = f'(x)g(x) + f(x)g'(x) \\
&(7)\ \left\{\frac{g(x)}{f(x)}\right\}' = \frac{g'(x)f(x) - g(x)f'(x)}{\{f(x)\}^2}
\end{aligned}
$$

しだいに複雑になってきましたが,これらの公式も覚えてください.

$$(fg)' = f'g + fg' \qquad \left(\frac{g}{f}\right)' = \frac{g'f - f'g}{f^2}$$

というように,共通の (x) を省いて覚えておくのが簡単です.

公式 (6) の説明 関数 $y = (x^2+1)(x^3-x+1)$ は二つの関数 $f(x) = x^2+1$ と $g(x) = x^3-x+1$ の積と考えられます.このような二つの関数 $f(x)$, $g(x)$ の積の導関数 $\{f(x)g(x)\}'$ が $f(x)$, $g(x)$ の導関数 $f'(x)$, $g'(x)$ にそれぞれ相棒の $g(x)$, $f(x)$ を掛けて加えたものに等しいというのが公式 (6) です.なぜそうなるのかというと,まず,

$$
\begin{aligned}
&\frac{f(x+h)g(x+h) - f(x)g(x)}{h} \\
&= \frac{f(x+h)g(x+h) - f(x)g(x+h) + f(x)g(x+h) - f(x)g(x)}{h} \\
&= \frac{f(x+h)g(x+h) - f(x)g(x+h)}{h} + \frac{f(x)g(x+h) - f(x)g(x)}{h} \\
&= \frac{f(x+h) - f(x)}{h}g(x+h) + f(x)\frac{g(x+h) - g(x)}{h}
\end{aligned}
$$

と変形できます(二行目は分子の真ん中に $f(x)g(x+h)$ を引いて加えただけです).ここで h を 0 に近づけると,$\dfrac{f(x+h) - f(x)}{h}$ は $f'(x)$ に,$g(x+h)$ は $g(x)$ に,$\dfrac{g(x+h) - g(x)}{h}$ は $g'(x)$ に近づきますから,

$$\{f(x)g(x)\}' = \lim_{h \to 0} \frac{f(x+h)g(x+h) - f(x)g(x)}{h} = f'(x)g(x) + f(x)g'(x)$$

となるのです.

公式 (7) の説明　関数 $y = \dfrac{x-1}{x^2+1}$ は関数 $f(x) = x^2+1$ と $g(x) = x-1$ の商と考えられます．このような関数を微分する公式がこの公式 (7) です．まず，$\dfrac{g(x)}{f(x)} = \dfrac{1}{f(x)} \times g(x)$ ですから，積の微分の公式 (6) を思い出すと，$\dfrac{1}{f(x)}$ を微分できればよいことがわかります．そこで，まず

$$\frac{\frac{1}{f(x+h)} - \frac{1}{f(x)}}{h} = \frac{f(x) - f(x+h)}{hf(x+h)f(x)} = -\frac{f(x+h) - f(x)}{h} \times \frac{1}{f(x+h)f(x)}$$

と変形します．ここで h が 0 に近づくと，$\dfrac{f(x) - f(x+h)}{h}$ は $f'(x)$ に，$\dfrac{1}{f(x+h)f(x)}$ は $\left\{\dfrac{1}{f(x)}\right\}^2$ に近づきますから，

$$\left\{\frac{1}{f(x)}\right\}' = \lim_{h \to 0} \frac{\frac{1}{f(x+h)} - \frac{1}{f(x)}}{h} = -f'(x) \times \frac{1}{\{f(x)\}^2} = -\frac{f'(x)}{\{f(x)\}^2}$$

となることがわかりました．そこで，積の微分の公式 (6) を使うと，

$$\begin{aligned}\left\{\frac{g(x)}{f(x)}\right\}' &= \left\{\frac{1}{f(x)}\right\}' g(x) + \frac{1}{f(x)} g'(x) \\ &= -\frac{f'(x)}{\{f(x)\}^2} g(x) + \frac{g'(x)}{f(x)} \\ &= \frac{g'(x)f(x) - g(x)f'(x)}{\{f(x)\}^2}\end{aligned}$$

が得られます．

積の場合と異なり，分子の $g'(x)f(x) - g(x)f'(x)$ は引き算ですから，分子を微分したものから分母を微分したものを引くという順序は大事です．

問　題

問題 4.6　つぎの関数を微分してください．

(1) $(x^3+1)(x^2+x-1)$　(2) xe^x　(3) $\dfrac{x}{x^2+1}$　(4) $\dfrac{x}{e^x}$

4.7 関数の増減とグラフ

関数 $y = f(x)$ の $x = a$ での接線の傾き（すなわち微分係数）が正なら，その点で関数は**増加**状態にあります．逆に負なら，その点で関数は**減少**状態にあります（図 4.3）．

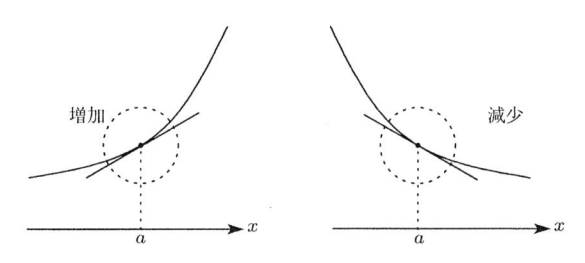

図 4.3 接線の傾きでグラフの増減がわかる

このことを利用して複雑な関数のグラフを描くことができます．というのも，微分係数が正になる x の範囲と，負になる x の範囲を求めれば，それらの範囲で関数はそれぞれ増加状態，減少状態にあることがわかるからです．微分係数が正になる範囲，負になる範囲は導関数を用いて求めることができます．

例 4.7 関数 $y = x^3 - 3x$ の導関数は

$$y' = 3x^2 - 3 = 3(x^2 - 1) = 3(x+1)(x-1)$$

であるから，$y' = 0$ となるのは $x = -1, 1$ のときである．これ以外のとき，y' は，$x < -1$ で正，$-1 < x < 1$ で負，$1 < x$ で正である．したがって，この関数は $x < -1$ で増加，$-1 < x < 1$ で減少，$1 < x$ で増加している．

これらのようすを表にまとめるとつぎのようになる．

x	$\cdots$	-1	$\cdots$	1	$\cdots$
y'	$+$	0	$-$	0	$+$
y	↗	2	↘	-2	↗

この例で $x=-1$ のときの y が 2 というのは, $y=(-1)^3-3\times(-1)=2$ と計算したものです. 同様に $x=1$ のときの y が -2 というのは, $y=1^3-3\times 1=-2$ と計算したものです. 記号 ↗ と ↘ はそれぞれ関数のグラフが増加していることと, 減少していることを視覚的に表したものです. このような x, y', y の関係を表にしたものを**増減表**といいます.

増減表ができるとグラフの概形を描くことができます. この例の場合, グラフはつぎのようになります. $x=0$ のとき $y=0$ ですからこのグラフは原点 O(0,0) を通ります.

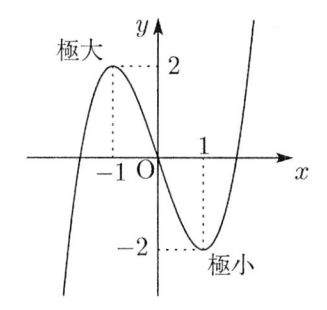

この関数は $x=-1$ を境にして増加の状態から減少の状態に変わっています. このとき, 関数 y は $x=-1$ において**極大**になるといい, そのときの y の値 2 を**極大値**といいます. 点 $(-1,2)$ を**極大点**といいます.

また, この関数は $x=1$ を境にして減少の状態から増加の状態に変わります. このとき, 関数 y は $x=2$ において**極小**になるといい, そのときの y の値 -2 を**極小値**といいます. 点 $(1,-2)$ を**極小点**といいます.

極大値と極小値をあわせて**極値**といいます.

問 題

問題 4.7 つぎの関数のグラフの概形を描いてください.

(1) $y=f(x)=x^3-3x^2+1$ (2) $y=f(x)=x^4-4x^2+3$

4.8 第2次導関数とグラフの凹凸，変曲点

関数 $y = f(x)$ の導関数 $y' = f'(x)$ は x の関数ですから，これをまた微分することができます．このとき得られる導関数を y'' とか $f''(x)$ と書いて，$f(x)$ の**第2次導関数**といいます．

例 4.8 関数 $y = x^3 - 3x$ について $y' = 3x^2 - 3$, $y'' = 6x$.

導関数 y' の正，負が関数 y の増加，減少を表したように，第2次導関数 y'' の正，負は導関数 y' の増加，減少を表します．しかし y' の増加，減少とはどういうことを意味するのでしょうか．

つぎの図 4.4 を見てください．左は，上に凸のグラフに5か所で接線 (a) ～

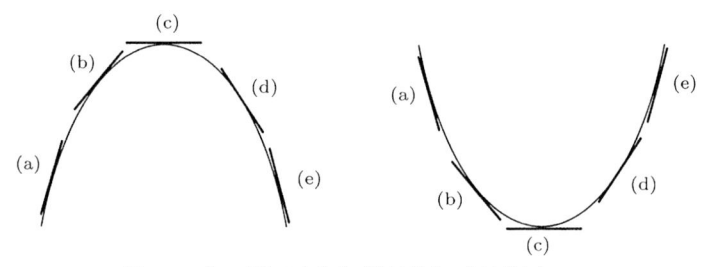

図 4.4　y'' の変化のようす（左は減少，右は増加）

(e) を引いた図です．右は下に凸のグラフにやはり5か所で接線 (a) ～ (e) を引いた図です．x が増加すると，接線 (a) ～ (e) の傾きはどのように変化するでしょうか．左の図の場合だと

　　(a) の傾き > (b) の傾き > (c) の傾き > (d) の傾き > (e) の傾き

となっています．接線 (c) の傾きは 0 で，接線 (a), (b) の傾きは正，接線 (d), (e) の傾きは負です．このように傾きの正負はいろいろですが，x が増加すると接線の傾き y' が減少することにはかわりありません．一方，右の図の

場合だと

(a) の傾き < (b) の傾き < (c) の傾き < (d) の傾き < (e) の傾き

となっています．接線 (c) の傾きは 0 で，接線 (a)，(b) の傾きは負，接線 (d)，(e) の傾きは正です．この場合も傾きの正負いろいろですが，x が増加するとき接線の傾き y' が増加することにはかわりありません．

このように考えると，

$$\begin{cases} y'' < 0 \text{ となるところでは } (y' \text{ が減少するから}) \text{ グラフは上に凸} \\ y'' > 0 \text{ となるところでは } (y' \text{ が増加するから}) \text{ グラフは下に凸} \end{cases}$$

であることがわかります．前ページの図 4.4 を覚えておいてください．

例 4.9 関数 $y = x^3 - 3x$ は $y' = 3x^2 - 3$, $y'' = 6x$ であるから，$x < 0$ のとき $y'' < 0$ (すなわち上に凸)，$x > 0$ のとき $y'' > 0$ (すなわち下に凸) である．y'' の正，負の情報とグラフの凹凸の情報を例 4.7 (68 ページ) の増減表に付け加えると次のようになる．

x	$\cdots$	-1	$\cdots$	0	$\cdots$	1	$\cdots$
y'	$+$	0	$-$		$-$	0	$+$
y''		$-$		0	$+$		
y	↗	2	↘	0	↘	-2	↗
		上に凸		変曲点		下に凸	

グラフ上の点 $(0,0)$ は曲線の凹凸，すなわちグラフの曲がり方が変わる点ですから，これを**変曲点**といいます．曲線の凹凸，変曲点を調べると，グラフをいっそう正確に描くことができます．

問 題

問題 4.8 関数 $y = \dfrac{1}{4}x^4 + x^3$ の増減，極値，グラフの凹凸，変曲点を調べてグラフの概形を描いてください．

4.9 合成関数の微分法

u の関数 $y = f(u)$ があり,その u が x の関数 $u = g(x)$ となっている場合,$y = f(u)$ に $u = g(x)$ を代入すると,

$$y = f(g(x))$$

という x の関数ができます.この関数を $y = f(u)$ と $u = g(x)$ の**合成関数**といいます.

例 4.10 $y = (x^2 + 3)^{10}$ は $y = u^{10}$ と $u = x^2 + 3$ を合成した関数である.

これまでに学んだ知識でこの例の関数を微分するのは大変です.10乗の展開が大変だからです.ところが,このような合成関数の微分は簡単に計算できるのです.それが次の公式です.すなわち,$y = f(u)$,$u = g(x)$ のとき,合成関数 $y = f(g(x))$ の導関数 y' は

$$\boxed{y' = f'(u)g'(x)}$$

つまり,合成関数の導関数はそれぞれの導関数の積になるのです.

ここで,左辺の y' は $y = f(g(x))$ の x に関する導関数,右辺の $f'(u)$ は $f(u)$ の u に関する導関数です.$y = f(u)$ ですが,y' と $f'(u)$ が別のものを意味していることに注意してください.このような混同は間違いの元なので,

$$\boxed{\frac{dy}{dx} = \frac{dy}{du}\frac{du}{dx}}$$

と表すのが普通です.$\dfrac{dy}{dx}$ は y を x の関数とみて x で微分したとき得られる導関数を表す記号です.d が2か所にあって変な記号ですが,全体で導関数を表す一つ記号です.ほかも同様です.

例 4.11 $y = (x^2 + 3)^{10}$ は $y = f(u) = u^{10}$ と $u = g(x) = x^2 + 3$ を合成し

た関数であるから,
$$y' = f'(u)g'(x) = 10u^9 \times (2x) = 20(x^2+3)^9 x.$$

合成関数の微分公式の説明 まず定義に戻って y' を書いてみると,
$$y' = \lim_{h \to 0} \frac{f(g(x+h)) - f(g(x))}{h}$$
です.ここで分母,分子に $g(x+h) - g(x)$ をかけて,
$$\frac{f(g(x+h)) - f(g(x))}{h} = \frac{f(g(x+h)) - f(g(x))}{g(x+h) - g(x)} \times \frac{g(x+h) - g(x)}{h}$$
と変形します.今,$k = g(x+h) - g(x)$ とおくと,$u = g(x)$ ですから $g(x+h) = g(x) + k = u + k$ です.したがって,右辺の最初の項は
$$\frac{f(g(x+h)) - f(g(x))}{g(x+h) - g(x)} = \frac{f(u+k) - f(u)}{k}$$
となります.h が 0 に近づくとき,$k = g(x+h) - g(x)$ も 0 に近づきますから
$$\lim_{h \to 0} \frac{f(g(x+h)) - f(g(x))}{g(x+h) - g(x)} = \lim_{k \to 0} \frac{f(u+k) - f(u)}{k}$$
です.この右辺は(文字は k が使われていますが)定義によって $f'(u)$ です.したがって,
$$\begin{aligned}
y' &= \lim_{h \to 0} \frac{f(g(x+h)) - f(g(x))}{h} \\
&= \lim_{h \to 0} \left\{ \frac{f(g(x+h)) - f(g(x))}{g(x+h) - g(x)} \times \frac{g(x+h) - g(x)}{h} \right\} \\
&= \lim_{k \to 0} \frac{f(u+k) - f(u)}{k} \times \lim_{h \to 0} \frac{g(x+h) - g(x)}{h} = f'(u)g'(x)
\end{aligned}$$
となるのです.

問 題

問題 4.9 つぎの関数を微分してください.
(1) $y = (x^3 + x)^4$ (2) $y = \sqrt{x^4 + x^2}$ (3) $y = e^{2x}$ (4) $y = e^{x^2-1}$
(5) $y = \log(x+1)$ (6) $y = \log(x^2+1)$ (7) $y = \log(x^2+x+1)$

4.10 炭素 14 による年代測定法

準備として,まず放射性核種の半減期を求めましょう.

例 4.12 放射性核種の原子数 N は

$$N = N_0 e^{-\lambda t}$$

と表された (例 2.11, 26 ページ). この半減期を $t_{1/2}$ とすると, $t = t_{1/2}$ のとき $N/N_0 = 1/2$ だから

$$\frac{1}{2} = e^{-\lambda t_{1/2}}$$

である. この両辺の対数をとると

$$-\log 2 = -\lambda t_{1/2}$$

となる. したがって

$$t_{1/2} = \frac{\log 2}{\lambda} \fallingdotseq \frac{0.693}{\lambda}$$

である. こうして半減期は定数 0.693 を壊変定数 λ で割ったものに等しいことがわかる.

この式より半減期がわかれば壊変定数がわかります. たとえば放射性炭素 ^{14}C の半減期は 5568 年ですから, ^{14}C の壊変定数は

$$\lambda \fallingdotseq \frac{0.693}{5568} = 0.00012446 \fallingdotseq 1.245 \times 10^{-4}$$

となります.

さて, 生きている植物や動物は大気中の放射性炭素 ^{14}C を取り込みますが, それ自身が崩壊するのでバランスがとれて, 平衡状態になっています. ところが植物や動物が死ぬと, もはや新たな ^{14}C は吸収されなくなるので, ^{14}C は崩壊して減るだけとなります. このことを利用したのが放射性炭素 ^{14}C による年代測定法です.

今，植物が死んだ時刻を $t=0$ として，そのときの ^{14}C の個数を N_0 としましょう．時刻 t での崩壊率 $R(t) = -N'(t)$ は合成関数の微分法より

$$R(t) = -(N_0 e^{-\lambda t})' = N_0 \lambda e^{-\lambda t}$$

です．したがって植物が死ぬ瞬間の崩壊率は $R(0) = N_0 \lambda$ です．したがってこれらの崩壊率の比は

$$\frac{R(0)}{R(t)} = e^{\lambda t}$$

ですから，

$$\boxed{t = \frac{1}{\lambda} \log \frac{R(0)}{R(t)}}$$

となります．ここで $\lambda = 1.245 \times 10^{-4}$ でした．

生きている木の崩壊率（1 グラムあたり 1 分毎で計ります）は 6.68 であることが知られているので，$R(0) = 6.68$ とします．したがって現在の崩壊率を測定すれば，この式より植物が死んでから現在までの年数 t がわかります．

例 4.13 今ここにアンティークの家具があって，その現在の ^{14}C の崩壊率を調べたところ，6.08 だった．この家具が作られてから現在までの年数（正確にいえば，その家具に使われている木の切られてからの年数）は上の式より

$$t = \frac{1}{1.245 \times 10^{-4}} \log \frac{6.68}{6.08} \fallingdotseq 0.803 \times 10^4 \times 0.0941 \fallingdotseq 756$$

である．実際にはいろいろ誤差があるから正確にはいえないが，この家具は大体 750 年ほど前に切られた木で作られていることになる．つまり 1250 年ごろの家具ということである．

問 題

問題 4.10 洞窟絵画で有名なフランスのラスコー洞窟から出た木炭は 1950 年の測定で崩壊率が 0.97 でした．これから木炭のできた年代を計算して，洞窟絵画が描かれたのが今から何年くらい前か求めてください．($\log 6.887 \fallingdotseq 1.930$ として計算してください．)

4.11 対数微分法

関数 $y = f(x)$ に対して，$z = g(y) = \log y$ とおくと，これらを合成して合成関数 $z = \log f(x)$ ができます．そこでこれを x で微分すると，

$$z' = g'(y)f'(x) = \frac{1}{y}f'(x) = \frac{y'}{y}$$

となります．$z = \log y$ ですから，

$$\boxed{(\log y)' = \frac{y'}{y}}$$

が得られます．ここに現れる微分はどちらも x に関する微分です．つまり x の関数 y に対して，$\log y$ の x による導関数は y の導関数 y' を y 自身で割ったものにほかなりません．この公式を利用した計算法を**対数微分法**といいます．

例 4.14 a を実数とするとき，$(x^a)' = ax^{a-1}$ である（第 4.4 節の基本公式 (1)）．実際，$y = x^a$ として，両辺の対数をとれば

$$\log y = \log x^a = a \log x$$

となる．そこで，この両辺を x で微分すれば，

$$\frac{y'}{y} = a\frac{1}{x}$$

が得られる．したがって

$$y' = a\frac{y}{x} = a\frac{x^a}{x} = ax^{a-1}.$$

対数微分の公式から

$$\boxed{y' = y(\log y)'}$$

ですから，直接

$$y' = x^a(\log x^a)' = x^a a(\log x)' = ax^a\frac{1}{x} = ax^{a-1}$$

としても y' が求まります．

例 4.15 $(a^x)' = a^x \log a$ である.実際,$y = a^x$ とすれば $\log y = x \log a$ であるから,両辺を x で微分して

$$\frac{y'}{y} = \log a,$$

すなわち,$y' = y \log a = a^x \log a$ である.直接次のようにしてもよい.

$$y' = a^x (\log a^x)' = a^x (x \log a)' = a^x \log a.$$

例 4.16 関数
$$y = \frac{(x+1)^2 (x+2)^3}{(x+3)^4}$$
を微分する.まず両辺の対数をとると,

$$\log y = \log \frac{(x+1)^2 (x+2)^3}{(x+3)^4} = 2\log(x+1) + 3\log(x+2) - 4\log(x+3)$$

となる.そこでこの両辺を x で微分すると,

$$\frac{y'}{y} = \frac{2}{x+1} + \frac{3}{x+2} - \frac{4}{x+3} = \frac{x^2 + 10x + 13}{(x+1)(x+2)(x+3)}$$

したがって

$$y' = \frac{(x+1)^2 (x+2)^3}{(x+3)^4} \times \frac{x^2 + 10x + 13}{(x+1)(x+2)(x+3)}$$
$$= \frac{(x+1)(x+2)^2 (x^2 + 10x + 13)}{(x+3)^5}$$

この最後の例では,通分などの細かい計算部分は省いてありますので,実際に確かめてみてください.

問 題

問題 4.11 つぎの関数を対数微分法によって微分してください.
 (1) $y = 2^x$ (2) $y = x^x$ (3) $y = \dfrac{(x+1)^3}{(x+2)^4}$ (4) $y = \dfrac{(x+1)^3}{(x^2+x)^4}$

4.12　スティールの式のグラフ

これまでに学んだことを利用して，2.11 節で学んだスティールの式

$$G = G_{\max} \frac{I}{I_{\text{opt}}} \exp\left(1 - \frac{I}{I_{\text{opt}}}\right)$$

のグラフを描いてみましょう．$G_{\max}$，I_{opt} は定数ですから，2.11 節と同じように $G_{\max} = 1$，$I_{\text{opt}} = 3$ として，

$$G = \frac{I}{3} \exp\left(1 - \frac{I}{3}\right)$$

のグラフを描きます．(これまでは変数は x, y でしたが，ここでは G が y，I が x に当たります．また I は光量を表しますから $I \geqq 0$ としましょう．)

まず両辺の対数をとると

$$\log G = \log \frac{I}{3} + \log \exp\left(1 - \frac{I}{3}\right) = \log I - \log 3 + \left(1 - \frac{I}{3}\right)$$

です ($\log e = 1$ に注意してください)．この両辺を I で微分すると

$$\frac{G'}{G} = \frac{1}{I} - \frac{1}{3} = \frac{3-I}{3I}$$

となりますから，

$$G' = \frac{I}{3} \exp\left(1 - \frac{I}{3}\right) \times \frac{3-I}{3I} = \frac{3-I}{9} \exp\left(1 - \frac{I}{3}\right)$$

となります．$\exp\left(1 - \frac{I}{3}\right)$ は決して 0 にならず常に正ですから，$G' = 0$ となるのは $I = 3$ のときだけで，$0 \leqq I < 3$ では $G' > 0$，$3 < I$ では $G' < 0$ です．

つぎに G'' を求めます．ふたたび上の G' の式の対数をとると，

$$\log G' = \log(3-I) - \log 9 + \left(1 - \frac{I}{3}\right)$$

ですから，これを I で微分すると

$$\frac{G''}{G'} = \frac{-1}{3-I} - \frac{1}{3} = \frac{-6+I}{3(3-I)}$$

となります（$\log(3-I)$ は $y = \log u$ と $u = 3 - I$ の合成関数とみて，微分しました）．したがって

$$G'' = \frac{3-I}{9}\exp\left(1 - \frac{I}{3}\right) \times \frac{-6+I}{3(3-I)} = \frac{I-6}{27}\exp\left(1 - \frac{I}{3}\right)$$

となります．$\exp\left(1 - \frac{I}{3}\right)$ は決して 0 にならず常に正ですから，$G'' = 0$ となるのは $I = 6$ のときで，$0 \leqq I < 6$ では $G'' < 0$，$6 < I$ では $G'' > 0$ です．

以上を増減表にまとめると次のようになります（$I = 3$ のとき $G = 1$，$I = 6$ のとき $G = 2/e$ です）．

x	0	$\cdots$	3	$\cdots$	6	$\cdots$
G'		+	0	−		
G''		−			0	+
G	0	↗	1	↘	$2/e$	↘
		上に凸			下に凸	

これを図示すると図 2.6（29 ページ）のようになります．この増減表から点 $\left(6, \dfrac{2}{e}\right)$ が変曲点になっていることもわかります．

問　題

問題 4.12 G'，G'' を対数微分法を用いずに，積の微分法や合成関数の微分法を用いて計算してください．

問題 4.13 2.11 節の例 2.13 に示した正規分布の式

$$y = p(x) = \frac{1}{\sqrt{2\pi\sigma^2}}\exp\left(-\frac{(x-a)^2}{2\sigma^2}\right)$$

のグラフの概形を描いてください．

コラム 5：公式のあてはめ方

微分の公式
$$\{cf(x)\}' = cf'(x)$$
に $y = 3(x^2+1)$ をあてはめると，$c = 3$, $f(x) = x^2+1$ ですが，公式
$$(e^x)' = e^x$$
に $y = e^{x^2+1}$ をあてはめることはできません．なぜでしょうか．

公式をよく見ると，前の公式 $\{cf(x)\}' = cf'(x)$ では $f(x)$ が使われていますが，あとの公式 $(e^x)' = e^x$ では x が使われています．$f(x)$ は「x の関数」を意味しますから，$f(x)$ には x の関数なら何でもあてはめることができます．x^2+1 を $f(x)$ にあてはめることができたのはそのためです．これに対して，後の公式の x は「変数ひとつ」を意味しています．したがって x^2+1 というような「変数ひとつ」でない式をあてはめることができないのです．もし $y = e^t$ なら t は「変数ひとつ」ですから，x に t をあてはめることができて，$(e^t)' = e^t$ となります．

もし公式が $(e^{f(x)})' = e^{f(x)}$ となっていたら，$(e^{x^2+1})' = e^{x^2+1}$ ですが，残念ながらこのようにはなりません．それではこの場合はどうなるのかというと，
$$(e^{f(x)})' = e^{f(x)} \cdot f'(x)$$
となるのです．これは合成関数の微分法を使ってわかります．$y = e^{f(x)}$ は $y = g(t) = e^t$ と $t = f(x)$ を合成した関数ですから，合成関数の微分法
$$y' = g'(t)f'(x)$$
を使えば，
$$(e^{f(x)})' = (e^t)'f'(x) = e^t f'(x) = e^{f(x)} f'(x)$$
となります．ここで真ん中の等式は公式 $(e^x)' = e^x$ を使って得られたものです．この結果より，$(e^{x^2+1})' = e^{x^2+1} \cdot 2x$ となることがわかります．

このように公式の中に使われているものが「関数」なのか「変数」なのか区別することはとても重要です．

また最初に挙げた公式の中の c は「数（実数）」を表しています．そこで 3 を c にあてはめることはできますが，数でないものを c にあてはめることはできません．

公式を使うときには，ぜひ「関数」，「変数」，「数」の区別に注意してください．

5

積　　　分

　本章の読み方　積分は微分の逆の操作で，第6章で重要な役割を果たします．本章ではとくに積分の計算に習熟してください．

　ポイント1．不定積分の定義と基本公式　5.1節と5.2節は不定積分の定義と簡単な公式を学びます．ここではまず，積分の計算に慣れてください．

　ポイント2．定積分の定義と基本公式　5.3節と5.4節では定積分の定義と基本的な公式を学びます．不定積分が理解できていれば，大半は簡単だと思いますが，5.4節の最後にある上端が変数になっている場合は，少しわかりにくいかも知れません．この部分は注意して読んでください．

　ポイント3．面積の計算　定積分の応用として曲線で囲まれた面積の計算があります．それを述べたのが5.5節から5.7節です．5.5節では，なぜ面積が定積分で計算できるのかを説明します．第6章では面積を求める計算は出てきませんから，急いで先に進みたい読者はこの三つの節を飛ばしてもかまいません．

　ポイント4．部分積分法と置換積分法　積分の計算の公式にはいろいろなものがありますが，その中でも5.8節で述べる部分積分法と置換積分法はとても重要です．とくに置換積分法は有力なので，この機会にぜひ理解して，計算に習熟してください．

　ポイント5．テイラーの公式とマクローリンの公式　5.9節と5.10節ではテイラーの公式とマクローリンの公式について説明します．これらは部分積分法を繰り返し用いたものですが，難しいかも知れません．難しいようでしたら，5.10節にある図を眺めて，指数関数が多項式で順に近似されるようすを鑑賞するだけでも十分です．

5.1 不定積分の定義

関数 $f(x)$ が与えられたとき,導関数が $f(x)$ になるよう関数 $F(x)$ を求めることを考えてみましょう.

例 5.1 $f(x) = x^2$ のとき,$(x^3)' = 3x^2$ であるから,$F'(x) = x^2$ となる $F(x)$ は $F(x) = \dfrac{1}{3}x^3$ である.

与えられた関数 $f(x)$ に対して,導関数が $f(x)$ になる関数 $F(x)$ を $f(x)$ の **原始関数** といいます.

例 5.1 で $F(x) = \dfrac{1}{3}x^3$ が $f(x) = x^2$ の原始関数であることがわかりましたが,実は $f(x) = x^2$ の原始関数はこのほかにもたくさんあります.たとえば,

$$\frac{1}{3}x^3 + 2, \quad \frac{1}{3}x^3 + 3, \quad \frac{1}{3}x^3 - 5, \ \cdots$$

などはいずれも微分して x^2 となりますから,すべて $f(x) = x^2$ の原始関数です.よく見ると,これらは定数の部分が異なっているだけですが,もっと別の(全然違った形の)原始関数はあるかというと,実はそのような関数はありません.それはつぎのようにしてわかります.

今,$F(x)$ を $f(x)$ の原始関数の一つとし,さらに $G(x)$ も $f(x)$ の原始関数としましょう.そうすると,$F'(x) = f(x)$,$G'(x) = f(x)$ ですから,

$$(G(x) - F(x))' = G'(x) - F'(x) = f(x) - f(x) = 0$$

となります.ところが微分して 0 になる関数は定数ですから,$G(x) - F(x)$ は定数です.この定数を C と書けば

$$G(x) = F(x) + C$$

となります.つまり,$f(x)$ の原始関数の一つ $F(x)$ を決めると,残りの原始関数はみな $F(x)$ に定数を加えた(C が負なら引いた)ものばかりです.

そこで，$f(x)$ のすべての原始関数をひとまとめに考えて $F(x)+C$ を $f(x)$ の**不定積分**といい，

$$\int f(x)\,dx = F(x) + C$$

と書きます（「インテグラル $f(x)\,dx$」と読みます）．C を**積分定数**といい，$f(x)$ を**被積分関数**，x を**積分変数**といいます．$f(x)$ の不定積分を求めることを「$f(x)$ を**積分する**」といい，積分する計算方法を**積分法**といいます．

例 5.2

(1) $\displaystyle\int 5\,dx = 5x + C$

(2) $\displaystyle\int x\,dx = \frac{1}{2}x^2 + C$

(3) $\displaystyle\int x^2\,dx = \frac{1}{3}x^3 + C$

これらはいずれも原始関数を微分してみればわかります．

なお，不定積分 $\displaystyle\int 1\,dx$ の 1 は省略して簡単に $\displaystyle\int dx$ と書くのが普通です．

問　題

問題 5.1　つぎの不定積分を求めてください．

(1) $\displaystyle\int dx$　(2) $\displaystyle\int 2x\,dx$　(3) $\displaystyle\int x^3\,dx$　(4) $\displaystyle\int (-0.2)\,dx$

(5) $\displaystyle\int t\,dt$　(6) $\displaystyle\int 3t^2\,dt$　(7) $\displaystyle\int dy$　(8) $\displaystyle\int 3y^2\,dy$

5.2 不定積分の基本公式

不定積分を計算するのに便利な公式をあげておきます．以下 C, C_1, C_2 などは積分定数を表すことにします．また a は定数とします．

$$
\begin{aligned}
&(1)\ \int a\,dx = ax + C \\
&(2)\ \int x^a\,dx = \frac{1}{a+1}x^{a+1} + C \quad (a \neq -1) \\
&(3)\ \int e^x\,dx = e^x + C \\
&(4)\ \int \frac{1}{x}\,dx = \log|x| + C
\end{aligned}
$$

説明 これらはいずれも右辺を微分すれば明らかでしょう．(4) は $x > 0$ の場合には，すでに 4.3 節で述べたように $(\log x + C)' = 1/x$ よりわかります．$x < 0$ の場合には，合成関数の微分法を使えば $(\log|x|)' = (\log(-x))' = -\dfrac{1}{-x} = \dfrac{1}{x}$ となることよりわかります．被積分関数 $1/x$ の x は負かもしれないので，$x > 0$ という条件がなければ，右辺に絶対値が必要です．また，(2) で $a \neq -1$ となっているのは分母が 0 にならない条件ですが，$a = -1$ のときの公式が (4) です．

例 5.3 $\displaystyle\int \sqrt{x}\,dx = \int x^{1/2}\,dx = \frac{1}{\frac{1}{2}+1}x^{3/2} + C = \frac{2}{3}x\sqrt{x} + C$

$$
\begin{aligned}
&(5)\ \int (f(x) + g(x))\,dx = \int f(x)\,dx + \int g(x)\,dx + C \\
&(6)\ \int (f(x) - g(x))\,dx = \int f(x)\,dx - \int g(x)\,dx + C
\end{aligned}
$$

説明 公式 (5) はつぎのようにしてわかります．

$$\int f(x)\,dx = F(x) + C_1 \quad \int g(x)\,dx = G(x) + C_2$$

とおくと，$(F(x) + G(x))' = f(x) + g(x)$ ですから，$F(x) + G(x)$ は $f(x) + g(x)$

の原始関数の一つです．したがって

$$\int (f(x)+g(x))\,dx = F(x)+G(x)+C$$
$$= \int f(x)\,dx + \int g(x)\,dx - C_1 - C_2 + C$$

となりますが，ここで $-C_1-C_2+C$ をあらためて C と書くと，公式 (5) が得られます．(6) も (5) と同じようにしてわかります．

こうして，プラス記号，マイナス記号で結ばれた関数の不定積分は，バラバラに不定積分を計算して加えたり，引いたりすればよいことがわかりました．

$$(7)\quad \int af(x)\,dx = a\int f(x)\,dx + C \quad (a \text{ は定数})$$

説明 これも (5) の説明と同じようにしてわかります．

この結果，定数は積分記号を自由に出入りできることがわかりました．

例 5.4 $\displaystyle \int (3x+2)\,dx = 3\int x\,dx + 2\int dx = \frac{3}{2}x^2 + 2x + C.$

この例を正確に書くと

$$\int (3x+2)\,dx = 3\int x\,dx + 2\int dx + C_1$$
$$= 3\left(\frac{1}{2}x^2 + C_2\right) + 2(x+C_3) + C_1 = \frac{3}{2}x^2 + 2x + (C_1 + 3C_2 + 2C_3)$$

となりますが，$C_1 + 3C_2 + 2C_3$ は任意の定数を表しますから，これをまとめて C と書きます．普通，途中に現れる積分定数は省いて計算します．積分記号が消えたときに，それまでの積分定数と合わせて C と書くわけです．

問　題

問題 5.2 つぎの不定積分を求めてください．
(1) $\displaystyle \int (3x^2-2x)\,dx$　(2) $\displaystyle \int 3\sqrt{x}\,dx$　(3) $\displaystyle \int (6t^5+1)\,dt$　(4) $\displaystyle \int (t^3+t^2-1)\,dt$
(5) $\displaystyle \int \frac{3}{(3-x)x}\,dx$　(6) $\displaystyle \int \frac{3}{(3+p)(3-p)p}\,dp$

5.3 定積分の定義と基本公式

関数 $y = 2x$ の不定積分は $F(x) = x^2 + C$ でした．ここで，x の値がたとえば 1 から 3 まで変化するとき，$F(x)$ が変化する量は

$$F(3) - F(1) = (9 + C) - (1 + C) = 8$$

です．積分定数 C は引き算をされて消えてしまいました．C が消えてしまったということは，この変化量が積分定数には無関係だということです．

一般に関数 $y = f(x)$ の不定積分を $F(x) + C$ とするとき，x の値が a から b まで変化するときの $F(b) - F(a)$ の値は積分定数に無関係です．この $F(x)$ の変化量 $F(b) - F(a)$ を関数 $f(x)$ の a から b までの**定積分**といい，

$$\int_a^b f(x)\,dx$$

と書きます．a をこの定積分の下端，b を上端といいます．$F(b) - F(a)$ を $[F(x)]_a^b$ と書きます．すなわち，$F'(x) = f(x)$ のとき

$$\int_a^b f(x)\,dx = [F(x)]_a^b = F(b) - F(a)$$

です．要するに，不定積分に b と a を代入して引いたものが a から b までの定積分です．

例 5.5

$$\int_1^2 (x^2 - 4x)\,dx = \left[\frac{1}{3}x^3 - 2x^2\right]_1^2 = \left(\frac{1}{3} \times 8 - 2 \times 4\right) - \left(\frac{1}{3} - 2\right) = -\frac{11}{3}.$$

定積分についても不定積分と同様に，次の公式が成り立ちます．まず，定数倍は積分記号を自由に出入りできます．

$$\boxed{(1)\quad \int_a^b k f(x)\,dx = k \int_a^b f(x)\,dx}$$

説明 実際，$F(x)$ を $f(x)$ の原始関数とすると，

$$\int_a^b kf(x)\,dx = [kF(x)]_a^b = k(F(b)-F(a)) = k\int_a^b f(x)\,dx$$

となります．

また，和と差はつぎのようにバラバラにできます．

> (2) $\displaystyle\int_a^b (f(x)+g(x))\,dx = \int_a^b f(x)\,dx + \int_a^b g(x)\,dx$
>
> (3) $\displaystyle\int_a^b (f(x)-g(x))\,dx = \int_a^b f(x)\,dx - \int_a^b g(x)\,dx$

説明 $F(x), G(x)$ をそれぞれ $f(x), g(x)$ の原始関数とすると，公式 (2) は

$$\begin{aligned}\int_a^b (f(x)+g(x))\,dx &= [F(x)+G(x)]_a^b \\ &= (F(b)+G(b))-(F(a)+G(a)) \\ &= (F(b)-F(a))+(G(b)-G(a)) \\ &= \int_a^b f(x)\,dx + \int_a^b g(x)\,dx\end{aligned}$$

よりわかります．公式 (3) も同様です．

例 5.6

$$\begin{aligned}\int_1^2 (x^2-4x)\,dx &= \int_1^2 x^2\,dx - 4\int_1^2 x\,dx = \left[\frac{1}{3}x^3\right]_1^2 - 4\left[\frac{1}{2}x^2\right]_1^2 \\ &= \left(\frac{8}{3}-\frac{1}{3}\right) - 4\left(2-\frac{1}{2}\right) = -\frac{11}{3}.\end{aligned}$$

問 題

問題 5.3 つぎの定積分を求めなさい．

(1) $\displaystyle\int_1^3 4x\,dx$ (2) $\displaystyle\int_0^3 x^2\,dx$ (3) $\displaystyle\int_0^1 e^x\,dx$ (4) $\displaystyle\int_1^3 \frac{1}{x}\,dx$

(5) $\displaystyle\int_2^3 (3x^2+2x)\,dx$

5.4 定積分の上下端

定積分の上端,下端に関して,次のような性質があります.

$$
\begin{aligned}
&(1)\ \int_a^a f(x)\,dx = 0 \\
&(2)\ \int_b^a f(x)\,dx = -\int_a^b f(x)\,dx \\
&(3)\ \int_a^c f(x)\,dx + \int_c^b f(x)\,dx = \int_a^b f(x)\,dx
\end{aligned}
$$

説明　公式 (1) は $F'(x) = f(x)$ とすると

$$\int_a^a f(x)\,dx = [F(x)]_a^a = F(a) - F(a) = 0$$

だから明らかです.公式 (2) も

$$\int_b^a f(x)\,dx = F(a) - F(b) = -(F(b) - F(a)) = -\int_a^b f(x)\,dx$$

よりわかります.公式 (3) は

$$
\begin{aligned}
\int_a^c f(x)\,dx + \int_c^b f(x)\,dx &= [F(x)]_a^c + [F(x)]_c^b \\
&= (F(c) - F(a)) + (F(b) - F(c)) \\
&= F(b) - F(a) \\
&= \int_a^b f(x)\,dx
\end{aligned}
$$

であることよりわかります.

ここで,定積分の値は積分変数によらず上端と下端だけで決まることに注意しておきましょう.たとえば積分変数が x であっても t であっても,定積分の上端と下端が同じなら定積分の値は等しくなります.すなわち,

$$\int_a^b f(x)\,dx = \int_a^b f(t)\,dt$$

です．実際，$F(x)$ を $f(x)$ の原始関数とすれば，$F(t)$ は $f(t)$ の原始関数ですから，

$$\int_a^b f(x)\,dx = [F(x)]_a^b = F(b) - F(a) = [F(t)]_a^b = \int_a^b f(t)\,dt$$

となります．

さて，a が定数で x が変数のとき，定積分 $\int_a^x f(t)\,dt$ を考えてみましょう（ここで，定積分の上端の x と混乱しないように積分変数を t と書きました）．この定積分は x の関数です．というのも，x の値が決まるたびに，この定積分の値が一つ決まるからです．この関数を x で微分すると

$$(4)\quad \boxed{\left(\int_a^x f(t)\,dt\right)' = f(x)}$$

が得られます．

説明 実際，$F(t)$ を $f(t)$ の原始関数とすると，$F'(t) = f(t)$ で，

$$\int_a^x f(t)\,dt = [F(t)]_a^x = F(x) - F(a)$$

となりますから，この式の両辺を x で微分すると，$F'(x) = f(x)$，$(F(a))' = 0$ より公式 (4) が得られます．

この公式は普通，x に関して微分するということを明示して，

$$\frac{d}{dx}\int_a^x f(t)\,dt = f(x)$$

と書かれます．

問 題

問題 5.4 次の定積分を求めなさい．

(1) $\displaystyle\int_{-1}^2 x^2\,dx + \int_2^3 x^2\,dx$　　(2) $\displaystyle\int_{-1}^3 x^2\,dx + \int_3^{-1} x^2\,dx$

5.5 定積分と面積

関数 $y = x^2$ を考えましょう. 図 5.1 の左に示す部分の面積は x によって決まりますから, これを $F(x)$ とおきます. このとき, 図 5.1 の右に示す x と

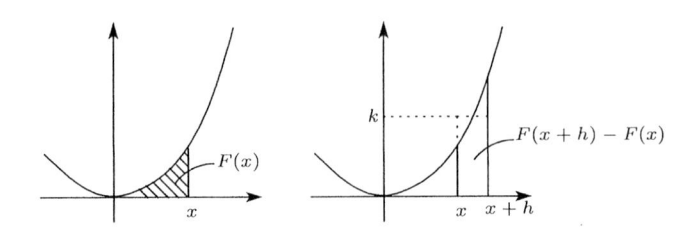

図 5.1 放物線 $y = x^2$ の下側の部分の面積を求める

$x + h$ の間の部分の面積は $F(x+h) - F(x)$ です. この部分の形は長方形ではありませんが, 図の点線で示したように, 面積を変えずに長方形にしたとしましょう. そのときの長方形の高さを k とすると, 横幅は h ですから

$$F(x+h) - F(x) = hk$$

となるはずです. したがって,

$$\frac{F(x+h) - F(x)}{h} = k$$

です.

ここで, h を 0 に近づけてゆくと, 図より k は次第に x^2 に近づいてゆきます. つまり

$$\lim_{h \to 0} \frac{F(x+h) - F(x)}{h} = x^2$$

ということです. この左辺は $F'(x)$ ですから, $F'(x) = x^2$, すなわち $F(x)$ は $y = x^2$ の原始関数であることがわかりました.

よって

$$F(x) = \int x^2 dx = \frac{1}{3}x^3 + C$$

ですが, $x=0$ のとき面積 $F(x)$ は 0 ですから $F(0)=C=0$ です. したがって
$$F(x) = \frac{1}{3}x^3$$
となります.

こうして, 関数 $y=x^2$ のグラフの下の原点から x までの部分の面積がこの関数の不定積分で得られるという, 驚くべき結果が得られました. たとえば, 関数 $y=x^2$ のグラフの下の x が 0 から 1 までの部分の面積は 1/3 です.

それでは図 5.2 のような $x=a$ から $x=b$ までの部分の面積 S はどうでしょうか. これは簡単です. というのも, 0 から x までの面積が $F(x)$ なので

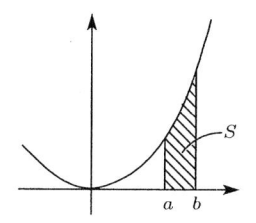

図 5.2 x の範囲が a から b までの場合

すから $S = F(b) - F(a) = [F(x)]_a^b$ ですが, $F(x)$ は関数 $y=x^2$ の原始関数なのですから, 定積分の定義より
$$S = \int_a^b x^2 dx$$
となります.

例 5.7 放物線 $y=x^2$ の下の x が 1 から 2 の部分の面積 S は
$$S = \int_1^2 x^2 dx = \left[\frac{1}{3}x^3\right]_1^2 = \frac{8}{3} - \frac{1}{3} = \frac{7}{3}.$$

問 題

問題 5.5 放物線 $y=\dfrac{1}{x}$ の下の x が 1 から 3 の部分の面積 S を求めてください.

5.6　一般の面積（1）

前節では関数 $y=x^2$ を例に面積を計算しましたが，x^2 のところを $f(x)$ とするだけで，一般の関数 $y=f(x)$ についても同じことが成り立ちます．すなわち，$a \leqq x \leqq b$ において $f(x)$ が正のとき，曲線 $y=f(x)$ の下の x が a から b までの部分の面積 S は

$$S = \int_a^b f(x)dx$$

となります．ここで a や b は負でもかまいませんが，$f(x)$ は $a \leqq x \leqq b$ で正でなければなりません．

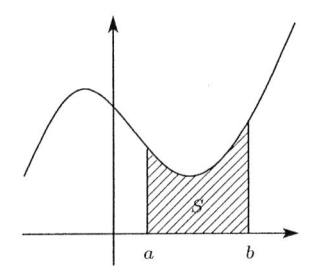

定積分をする範囲で関数 $f(x)$ の値が負になっているときはどうなるでしょうか．たとえば図 5.3 の左において，関数 $y=f(x)$ は $a \leqq x \leqq b$ で負になっています．このとき斜線部分の面積 S を求めてみましょう．この曲線を x 軸について折り返した曲線は $y=-f(x)$ です．そして図で面積 S と面積 T は等しいので，

$$S = \int_a^b \{-f(x)\}\,dx = -\int_a^b f(x)\,dx$$

となります．このように，積分する範囲で値が負の場合には，関数にマイナス記号をつけて積分すればよいのです．もしマイナスをつけずに計算すると，

$$\int_a^b f(x)\,dx = -S$$

5.6 一般の面積 (1)

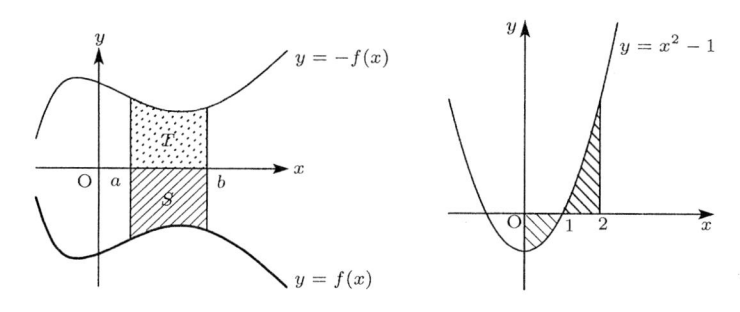

図 5.3 関数の値が負の場合（左）と関数の値が正負混ざっている場合（右）

より，面積 S にマイナス記号がついたものが出てきます．

関数の値が正になったり負になったりする場合には，正になる範囲，負になる範囲をそれぞれ求め，積分する範囲を分けて，別々に計算したものを加えます．

例 5.8 $y = f(x) = x^2 - 1$ と x 軸の間で x が 0 から 2 までの部分の面積 S を求める．図 5.3 の右のように，$f(x)$ は $0 \leqq x \leqq 1$ では $f(x) \leqq 0$，$1 \leqq x \leqq 2$ では $f(x) \geqq 0$ である．したがって

$$\begin{aligned}
S &= \int_0^1 \{-(x^2-1)\}\,dx + \int_1^2 (x^2-1)\,dx \\
&= -\left[\frac{1}{3}x^3 - x\right]_0^1 + \left[\frac{1}{3}x^3 - x\right]_1^2 \\
&= -\left(\frac{1}{3} - 1\right) + 0 + \left(\frac{8}{3} - 2\right) - \left(\frac{1}{3} - 1\right) \\
&= 2.
\end{aligned}$$

問 題

問題 5.6

(1) 関数 $y = -x^2$ と x 軸の間で，x が -1 から 1 までの部分の面積 S を求めてください．

(2) 関数 $y = x^3 - x$ と x 軸の間で，x が -1 から 1 までの部分の面積 S を求めてください．

5.7　一般の面積（2）

図 5.4 の左のように二つの曲線で囲まれた部分の面積 S を求めてみましょう．求めたい部分の面積 S は図 5.4 の右で「右上がりの斜線」部分の面積から

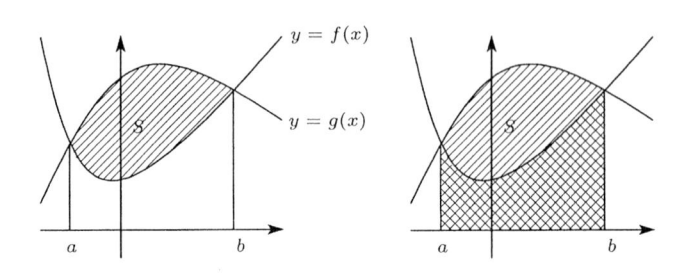

図 5.4　二つの曲線で囲まれた部分の面積を求める

「右下がりの斜線」部分（図では斜線の重なっている部分）の面積を引いたものです．ここで，「右上がりの斜線」部分の面積と「右下がりの斜線」部分の面積はそれぞれ，

$$\int_a^b g(x)\,dx, \quad \int_a^b f(x)\,dx$$

です．したがって，求める面積は

$$S = \int_a^b g(x)dx - \int_a^b f(x)dx$$

となります．この右辺を一つにまとめると，求める面積は

$$\boxed{S = \int_a^b \{g(x) - f(x)\}dx}$$

となることがわかります．つまり，グラフが上にある関数から下にある関数を引いて積分すればよいのです．

なお，図 5.5 の左のように，左右の両端は曲線の交点でなくてもかまいません．また，図 5.5 の右のように関数の値の一部分が負になっていてもかまいま

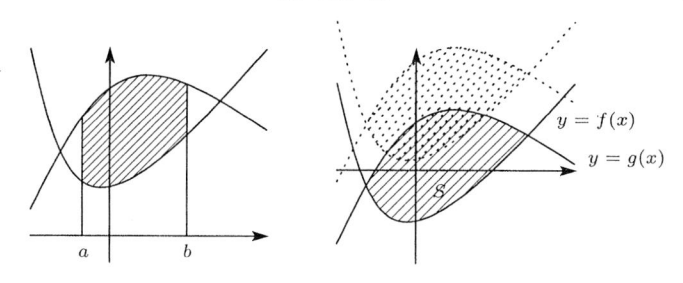

図 5.5 いろいろな場合の面積

せん．

図 5.5 の右の場合は一見複雑に見えますが，次のように考えると簡単です．今，二つの曲線を同時に上に移動して，求めたい部分が x 軸よりも上にくるようにします（図の点線部分）．たとえば全体に k だけ上に移動したとしましょう．そうすると，求めたい面積は，移動前も移動後も同じですから，

$$S = \int_a^b \{(g(x)+k)-(f(x)+k)\}dx = \int_a^b \{g(x)-f(x)\}dx$$

となり，この場合も面積は

$$S = \int_a^b \{g(x)-f(x)\}dx$$

となります．

このように，曲線や直線で囲まれる部分の面積はグラフが上にある関数から下にある関数を引いて積分すればよいことがわかりました．5.5 節や 5.6 節では，下にある関数が $y=0$ という特別な曲線だったと見ることもできます．

問 題

問題 5.7 つぎの曲線または直線で囲まれる部分の面積を求めてください．
 (1) $y = x^2 + 2x - 3$, $y = -x^2 + 2x + 3$
 (2) $y = x^2$, $y = x + 6$
 (3) $y = -x^2 + 4x$, $y = 3x^2$

5.8 部分積分法と置換積分法

4.6 節で学んだ積の微分公式

$$\{f(x)g(x)\}' = f'(x)g(x) + f(x)g'(x)$$

を変形すると

$$f'(x)g(x) = \{f(x)g(x)\}' - f(x)g'(x)$$

となりますから，これを積分すると

$$\boxed{\int f'(x)g(x)\,dx = f(x)g(x) - \int f(x)g'(x)\,dx}$$

が得られます．この公式により計算することを**部分積分法**といいます．

例 5.9 不定積分 $\displaystyle\int \log x\,dx$ を求める．

$$\log x = 1 \times \log x = (x)' \times \log x$$

と考えると，$(\log x)' = \dfrac{1}{x}$ だから，

$$\int \log x\,dx = x\log x - \int x\frac{1}{x}\,dx = x\log x - x + C.$$

例 5.10 不定積分 $\displaystyle\int \log(2x+1)\,dx$ を求める．

$$\log(2x+1) = \frac{1}{2}(2x+1)' \times \log(2x+1)$$

と考えられるから，$\{\log(2x+1)\}' = \dfrac{2}{2x+1}$ に注意すれば，

$$\begin{aligned}
\int \log(2x+1)\,dx &= \frac{1}{2}\int (2x+1)'\log(2x+1)\,dx \\
&= \frac{1}{2}(2x+1)\log(2x+1) - \frac{1}{2}\int (2x+1)\frac{2}{2x+1}\,dx \\
&= \frac{1}{2}(2x+1)\log(2x+1) - x + C.
\end{aligned}$$

5.8 部分積分法と置換積分法

$F(x)$ を $f(x)$ の原始関数とします. 今, x が t の関数, たとえば $x = g(t)$ となっているとすると, 合成関数 $F(g(t))$ ができます. これを t で微分すると

$$\{F(g(t))\}' = F'(x)g'(t) = f(x)g'(t) = f(g(t))g'(t)$$

ですから (ここで $F'(x)$ だけが x の微分です), 両辺を t で積分すれば

$$F(g(t)) + C = \int f(g(t))g'(t)\,dt$$

となります. ここで $F(g(t)) + C = F(x) + C$ を $f(x)$ の (x による) 不定積分の形に書き直せば,

$$\boxed{\int f(x)\,dx = \int f(g(t))g'(t)\,dt}$$

が得られます. この公式を用いた積分法を**置換積分法**といいます.

例 5.11 $\int (2x+3)^5\,dx$ を求める. $f(x) = (2x+3)^5$ とする. 今, $2x + 3 = t$ とおくと $x = \dfrac{t-3}{2}$. この右辺を $g(t)$ とおくと, $f(g(t)) = t^5$, $g'(t) = \dfrac{1}{2}$ より,

$$\int (2x+3)^5\,dx = \int t^5 \frac{1}{2}\,dt = \frac{1}{2}\int t^5\,dt = \frac{1}{12}t^6 + C = \frac{1}{12}(2x+3)^6 + C.$$

この例の場合, $f(x) = (2x+3)^5$ が簡単な形になるように $x = g(t)$ を決めたいので, $2x + 3 = t$ とおいて, これを解いた $x = (t-3)/2$ を $g(t)$ としたのです. こうすると $f(g(t)) = t^5$ となります.

問 題

問題 5.8 つぎの不定積分を部分積分法によって求めてください.

(1) $\int xe^x\,dx$ (2) $\int x^2 e^{-x}\,dx$ (3) $\int x\log x\,dx$ (4) $\int \dfrac{\log x}{x}\,dx$

問題 5.9 つぎの不定積分を置換積分法で求めてください.

(1) $\int (2x-1)^4\,dx$ (2) $\int e^{2x+1}\,dx$ (3) $\int \dfrac{1}{2x+3}\,dx$ (4) $\int \dfrac{x}{x^2+1}\,dx$

5.9 テイラーの公式

5.8 節で述べた部分積分の公式は

$$f'(x)g(x) = (f(x)g(x))' - f(x)g'(x)$$

を不定積分したものでしたが，この式を a から b まで定積分すると

$$\boxed{\int_a^b f'(x)g(x)dx = [f(x)g(x)]_a^b - \int_a^b f(x)g'(x)dx}$$

が得られます．

この公式を使って，次のような計算をしてみましょう．まず，

$$f(x) - f(a) = \int_a^x f'(t)dt$$

です．右辺は t での積分であることに注意してください．この右辺を

$$\int_a^x f'(t)dt = \int_a^x \{(-(x-t))'f'(t)\}\,dt$$

を考えます．右辺の微分は t に関する微分であることに注意してください．ここで $(-(x-t)$ を $f(t)$，$f'(t)$ を $g(t)$ として) 部分積分の公式を使うと，

$$\int_a^x \{(-(x-t))'f'(t)\}\,dt = [-(x-t)f'(t)]_a^x + \int_a^x \{(x-t)f''(t)\}\,dt$$
$$= (x-a)f'(a) + \int_a^x \{(x-t)f''(t)\}\,dt$$

となります．よって

$$f(x) - f(a) = f'(a)(x-a) + \int_a^x \{(x-t)f''(t)\}\,dt$$

が得られました．さて，この右辺にある定積分を

$$\int_a^x \{(x-t)f''(t)\}\,dt = \int_a^x \left\{\left(-\frac{1}{2}(x-t)^2\right)' f''(t)\right\}dt$$

と考え，部分積分の公式を使うと

$$\left[-\frac{1}{2}(x-t)^2 f''(t)\right]_a^x + \int_a^x \left\{\frac{1}{2}(x-t)^2 f'''(t)\right\} dt$$
$$= \frac{1}{2}(x-a)^2 f''(a) + \int_a^x \left\{\frac{1}{2}(x-t)^2 f'''(t)\right\} dt$$

となります（ここで $f'''(x)$ は $f''(x)$ を t で微分した関数です）．よって

$$f(x) - f(a) = f'(a)(x-a) + \frac{f''(a)}{2}(x-a)^2 + \int_a^x \left\{\frac{1}{2}(x-t)^2 f'''(t)\right\} dt$$

となります．以下同様にどんどん続けてゆくと（問題 5.10 を参照してください），

$$\boxed{\begin{aligned}f(x) =\, &f(a) + f'(a)(x-a) + \frac{f''(a)}{2}(x-a)^2 + \frac{f'''(a)}{3!}(x-a)^3 \\ &+ \cdots + \frac{f^{(n)}(a)}{n!}(x-a)^n + \int_a^x \left\{\frac{1}{n!}(x-t)^n f^{(n+1)}(t)\right\} dt\end{aligned}}$$

という公式ができます．ここで！記号は，たとえば $3! = 3 \times 2 \times 1$，一般に $n! = n(n-1)(n-2) \times \cdots \times 3 \times 2 \times 1$ を表す記号です（$n!$ は「n の**階乗**」と読みます）．なお，$0! = 1$ とします．また $f^{(n)}$ は f を n 回微分した関数を表します．$f^{(1)} = f'$, $f^{(2)} = f''$ です．プライム記号（′）が多くなるときには $^{(n)}$ の記号を用います．なお，$f^{(0)} = f$ とします．

この公式を**テイラーの公式**といいます．右辺最初の項と二番目の項を

$$f(a) = \frac{f^{(0)}(a)}{0!}(x-a)^0, \quad f'(a)(x-a) = \frac{f^{(1)}(a)}{1!}(x-a)^1$$

と書きなおしてみると，テイラーの公式の右辺は最後の積分の項以外はすべて

$$\frac{f^{(k)}(a)}{k!}(x-a)^k$$

という形をしていることがわかります．これはとても覚えやすい形です．

問 題

問題 5.10 本文中の「以下同様にどんどん続けてゆくと」の部分をもう少し先まで（納得できるまで）実際に計算してください．

5.10 マクローリンの公式

テイラーの公式において,特に $a=0$ とすると,

$$
\begin{aligned}
f(x) = & f(0) + f'(0)x + \frac{f''(0)}{2}x^2 + \frac{f'''(0)}{3!}x^3 \\
& + \cdots + \frac{f^{(n)}(0)}{n!}x^n + \int_0^x \left\{\frac{1}{n!}(x-t)^n f^{(n+1)}(t)\right\} dt
\end{aligned}
$$

となります.これを**マクローリンの公式**といいます.

マクローリンの公式を指数関数 $f(x)=e^x$ に適用するとどうなるでしょうか. $f'(x)=e^x$ でしたから,$f(0)=1$, $f'(0)=1$, $f''(0)=1$, $f'''(0)=1, \cdots$ というように $f^{(k)}(0)$ の値はつねに 1 です.したがって,

$$e^x = 1 + \frac{1}{1!}x + \frac{1}{2!}x^2 + \frac{1}{3!}x^3 + \frac{1}{4!}x^4 + \frac{1}{5!}x^5 + \cdots + \frac{1}{n!}x^n + R_n(x)$$

となります.ここで最後の $R_n(x)$ は公式中の最後にある積分の項を簡単に書いたものです.すなわち.

$$R_n(x) = \int_0^x \left\{\frac{1}{n!}(x-t)^n e^t\right\} dt$$

です.この右辺は t で積分したところに x と 0 を代入するので,x の関数です.この最後の項は別として,e^x がこのように簡単な形で規則的に書けてゆくのは驚きです.

ここで,右辺の最初の 1 項, 2 項, 3 項, 4 項までで終わりにした関数

(1) $y=1$, (2) $y=1+x$, (3) $y=1+x+\frac{1}{2}x^2$, (4) $y=1+x+\frac{1}{2}x^2+\frac{1}{6}x^3$

を順に考えてみましょう.これらはどれも項を途中で終わりにしてしまったので,$y=e^x$ とは一致はしませんが,これらのグラフを $y=e^x$ のグラフに重ねて描いてみると図 5.6 のようになります.

この図より,項数を増やすにしたがって次第に $y=e^x$ と近似する部分が増えてゆくことがわかります.この場合,マクローリンの公式は指数関数 $y=e^x$

5.10 マクローリンの公式

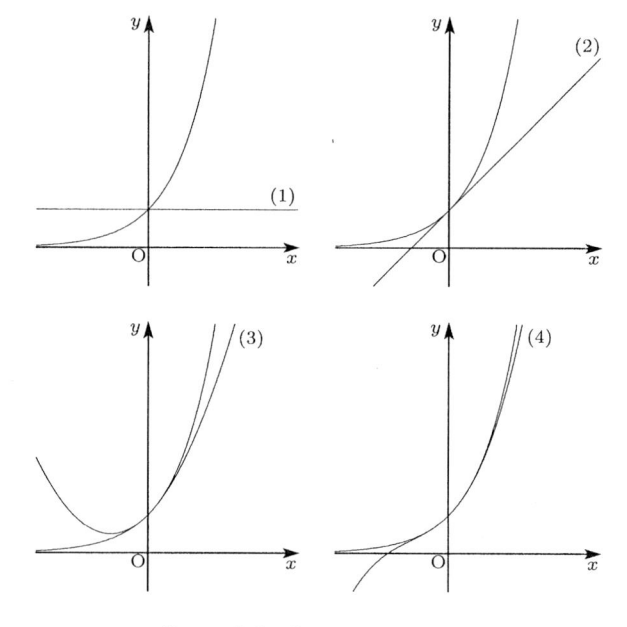

図 5.6 指数関数のマクローリン展開

を多項式で近似する公式なのです．

　図では二つのグラフが $x=0$ の付近で重なっていますが，それは二つの関数の値の差が非常に小さいため重なっているように見えるのです．実際には点 $(0,1)$ 以外では重なっていません．たとえば $n=3$ のとき，$x=1$ とすると

$$e = 1 + \frac{1}{1!} + \frac{1}{2!} + \frac{1}{3!} + R_3(1)$$

ですから，$y=e^x$ と $y=1+\dfrac{1}{1!}x+\dfrac{1}{2!}x^2+\dfrac{1}{3!}x^3$ は $x=1$ で $R_3(1)$ だけ離れています．なお，n を大きくしてゆくと $R_n(x)$ が次第に 0 に近づくことは一般に知られています．

問　題

問題 5.11　対数関数を左に 1 だけ移動した関数 $y = \log(1+x)$ $(x > 0)$ にマクローリンの公式を適用して，最初の数項を書いてください．

コラム 6：絶対値と $y = \log|x|$ の導関数

実数 a を数直線上に点として表示したとき，原点 O からこの点までの距離を a の**絶対値**といい $|a|$ と書きます．たとえば $|4| = 4$, $|-3| = 3$ です．とくに $|0| = 0$ で

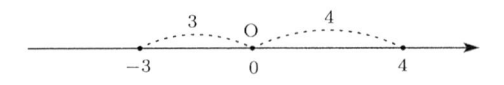

図 5.7 数直線上の点と絶対値

す．$a = 4$ のときのように a が正のときは，a の絶対値は a のままでよいのですから $|a| = a$ です．面倒なのは $a = -3$ のときのように a が負の場合です．この場合，たとえば -3 の絶対値 $|-3| = 3$ は -3 のマイナス記号をプラス記号に替えたものですが，その操作は -3 の前にさらにもうひとつマイナスをつければ実現できます．すなわち -3 の絶対値は $-(-3) = 3$ です．このように考えると，a が負のときには $|a| = -a$ であることがわかります．したがって，a の絶対値は場合わけをして

$$|a| = \begin{cases} a, & a \geqq 0 \text{ のとき} \\ -a, & a < 0 \text{ のとき} \end{cases}$$

と書くこともできます．

関数 $y = \log|x|$ を場合わけして書くと

$$y = \log|x| = \begin{cases} \log x, & x > 0 \text{ のとき} \\ \log(-x), & x < 0 \text{ のとき} \end{cases}$$

となります（$\log x$ は $x > 0$ のときしか定義されていないので，場合わけのなかに $x = 0$ は入っていません）．そこで導関数 y' を求めるのに，$x > 0$ のときと $x < 0$ のときにわけて考えます．(1) $x > 0$ のとき $y = \log x$ の導関数は $y' = 1/x$ です．これは公式通りです．(2) $x < 0$ とき $y = \log(-x)$ は $y = \log u$ と $u = -x$ の合成したものですから，合成関数の微分法により

$$y' = (\log u)'(-x)' = \frac{1}{u} \cdot (-1) = \frac{1}{-x} \cdot (-1) = \frac{1}{x}$$

です．このように，$x > 0$ のときも $x < 0$ のときも導関数はともに $1/x$ となりますから，$y = \log|x|$ の導関数を

$$(\log|x|)' = \frac{1}{x}$$

と書くことができるのです．

6

微分方程式

本章の読み方 微分方程式は環境問題を理論的に分析するときに用いられる道具のひとつです．現実には大量のデータをコンピュータを使って分析することになりますが，その背景に微分方程式がある場合も多く，微分方程式の考え方を知っているのと知らないのでは，問題の理解の深みがちがいます．難しいところがあるかもしれませんが，ぜひ理解してください．

ポイント1. 変数分離型の微分方程式の解法 6.1節と6.2節では微分方程式の「解」と，変数分離型とよばれる微分方程式の解法を学びます．まず微分方程式の「解」とは何かを理解してください．変数分離型の微分方程式の解法では5.8で学んだ置換積分法の公式を使います．ここが一番難しいところです．．

ポイント2. 微分方程式の応用例 6.3節から6.9節までは変数分離型の微分方程式の応用例です．ここが本書のクライマックスです．まず6.3節と6.4節ではすでに学んだBODと核の壊変現象を微分方程式の立場から振り返ります．6.5節ではマルサスの成長モデル，6.6節と6.7節ではロジスティック方程式について詳しく考えます．6.8節と6.9節ではロジスティック方程式の応用として，鯨の捕獲枠を例に水産資源の管理について考えます．現在鯨は捕獲禁止なっていますが，ここでの議論は将来，マグロの捕獲に関する論争の数理的解明にも役立つでしょう．

ポイント3. 1階線形微分方程式の解法 6.10節は変数分離型ではない微分方程式の例として1階線形微分方程式の解法を学びます．ここでは6.4節に出てきた親，娘核種の崩壊現象を解きますが，難しいときには本節を学ばないでもかまいません．

6.1 微分方程式と解

未知数 x と，x の関数 y，そして y の導関数 y', y'', $\cdots$ を含む関係式を**微分方程式**といいます．本書で扱うのは微分方程式の中で最も簡単な場合です．

例 6.1 つぎは微分方程式の例である．

$$y' = -2y$$
$$y' + y = e^{-x}$$

微分方程式に含まれる関数 y を**未知関数**といい，微分方程式を満足する未知関数 y を求めることを**微分方程式を解く**といいます．微分方程式を満たす関数を**微分方程式の解**といいます．

例 6.2 関数 $y = Ce^{-2x}$ は C がどんな定数であっても，微分方程式 $y' = -2y$ の解である．実際，左辺は $y' = C(-2)e^{-2x}$，右辺は $-2y = -2Ce^{-2x}$ であるから，これらは等しい．

この例 6.2 の解 $y = Ce^{-2x}$ はどのようにして見つけられたのでしょうか．以下それを説明しましょう．まず，微分方程式 $y' = -2y$ は $y \neq 0$ のとき（ここで 0 は「常に 0 という値をとる定数関数」を表します）

$$\frac{1}{y}y' = -2$$

と変形できますから，これを x で積分すると

$$\int \frac{1}{y}y' \, dx = -2 \int dx$$

となります．ここで 5.8 節で学んだ置換積分法の公式

$$\int f(y) \, dy = \int f(g(x))g'(x) \, dx$$

を思い出してください (5.8節とは変数の名前が異なっています). 今 $f(y) = 1/y$ とおくと, $y = g(x)$ ですから

$$\int \frac{1}{y}\,dy = \int \frac{1}{g(x)}g'(x)\,dx = \int \frac{1}{y}y'\,dx$$

となります. したがって今問題にしている式は

$$\int \frac{1}{y}\,dy = -2\int dx$$

となります. この両辺をそれぞれ計算すれば

$$\log|y| = -2x + C$$

が得られます. よって $|y| = e^{-2x+C}$ ですから,

$$y = \pm e^{-2x+C} = \pm e^{C}e^{-2x}$$

となります. ここで, $\pm e^{C}$ は 0 以外の定数をすべてとることができますから, これを改めて C と書けば,

$$y = Ce^{-2x}, \quad (C \neq 0)$$

となります. 一方, 最初に除外した $y = 0$ (常に 0 という値をとる定数関数) は確かに問題の微分方程式 $y' = -2y$ の解ですが, これは $y = Ce^{2x}$ で $C = 0$ とした場合とみることができますから, 結局, すべての解を $y = Ce^{2x}$ (C は任意の定数) として表すことができました.

問　題

問題 6.1　関数

$$y = e^{-x}(x + C)$$

は C がどんな定数であっても, 微分方程式 $y' + y = e^{-x}$ の解であることを確かめてください.

6.2 変数分離型の微分方程式

6.1 節で述べた解法をもう少し一般的に考えてみましょう．まず，

$$\boxed{y' = f(x)g(y)}$$

の型の微分方程式を**変数分離型**の微分方程式といいます．

例 6.3 微分方程式 $y' = -2y$ はたとえば $f(x) = 1$, $g(y) = -2y$ とすると，$y' = f(x)g(y)$ と書けるから変数分離型の微分方程式である．一方，微分方程式 $y' + y = e^{-x}$ はそのように書くことができないから，変数分離型ではない．

変数分離型の微分方程式は前節と同じように解くことができます．
まず $g(y) \neq 0$ でなければ

$$\frac{1}{g(y)} y' = f(x)$$

と変形できますから，両辺を x で積分すると

$$\int \frac{1}{g(y)} y' \, dx = \int f(x) \, dx$$

となります．ここで置換積分法の公式を思い出すと

$$\int \frac{1}{g(y)} y' \, dx = \int \frac{1}{g(y)} \, dy$$

です．よって

$$\boxed{\int \frac{1}{g(y)} \, dy = \int f(x) \, dx}$$

が得られます．$f(x)$ や $g(y)$ が具体的に与えられていないので，これ以上進めることはできませんが，関数が具体的に与えられていれば，もっと先に進むことができます（積分が難しくて先に進めない場合もありますが）．$g(y) = 0$ のときは，もとの微分方程式は $y' = 0$ となりますから $y = C$ が解です．

例 6.4 微分方程式 $y' = xy$ を解く. $y \neq 0$ のとき,
$$\int \frac{1}{y} dy = \int x \, dx$$
より,
$$\log |y| = \frac{1}{2} x^2 + C$$
したがって,
$$|y| = e^{x^2/2 + C} = e^C e^{x^2/2}$$
よって,
$$y = \pm e^C e^{x^2/2}$$
$\pm e^C$ は 0 以外の任意の値をとるから, これを改めて C と書けば,
$$y = C e^{x^2/2}, \quad C \neq 0$$
$y = 0$ は $y' = 0$, $xy = 0$ ともに満たすから問題の微分方程式の解である. これは $y = C e^{x^2/2}$ で $C = 0$ とおいたものと考えてもよいから,
$$y = C e^{x^2/2}, \quad C \text{ は任意の定数}$$
が求める解である.

微分方程式に含まれる C は任意の定数ですが, 条件が与えられると C が求まってしまう場合があります. たとえばこの例で,「$x = 0$ のとき $y = 3$ である」という条件をつけると, $3 = Ce^0 = C$ ですから, 解は $y = 3e^{x^2/2}$ となります. このように定数 C の値を決定する条件を**初期条件**といいます.

問 題

問題 6.2 つぎの微分方程式を解いてください.
 (1) $y' = \dfrac{x}{y}$ (2) $y' = \dfrac{x^2}{e^y}$ (3) $y' = ky$ (k は定数)

問題 6.3 微分方程式 $y' = -2y$ を初期条件「$x = 0$ のとき $y = 3$」で解いてください.

6.3 BOD

2.9 節の例 2.10 で水質の判定指標の一つとしてよく利用される生物化学的酸素要求量 BOD について述べましたが，実は BOD の時間的変化は微分方程式で表されます．すなわち，t 時間（または日）後の BOD を $L(t)$ とすると，$L(t)$ は微分方程式

$$L'(t) = -KL(t)$$

を満たすことが知られています．この左辺は t 時間後の BOD の変化の速度（反応速度）を表しています．一方，右辺にある定数 K は**脱酸素係数**と呼ばれる反応速度定数で，正の値をとります．時間の経過とともに BOD は減少してゆきますから，右辺にはマイナス記号がついています．この式を**フェルプス (Phelps) の式**といいます．フェルプスの式を言葉でいえば「BOD の減少率は，そのときの BOD に比例する」ということです．BOD が高ければ高いほど，BOD の減少が早いわけです．

さて，フェルプスの式は変数分離型の微分方程式ですから，

$$\int \frac{1}{L} L' \, dt = \int \frac{1}{L} \, dL = -\int K \, dt$$

より

$$\log L = -Kt + C,$$

となります（$L \geqq 0$ ですからここでは絶対値は不要です）．したがって

$$L(t) = e^{-Kt+C} = e^C e^{-Kt}$$

です．ここで e^C は任意の正の数をとりますから，これを改めて C と書くと，

$$L(t) = Ce^{-Kt}$$

となります．BOD の初期値（すなわち $t=0$ のときの値）を L_0 とすると，$L_0 = L(0) = Ce^0 = C$ ですから

$$L(t) = L_0 e^{-Kt}$$

6.3 BOD

となります．これが例 2.10 で示した式です．

なお，最初の t 時間（または日）で消費された酸素量 (すなわち BOD の変化量) を y とすると，

$$y = L_0 - L(t) = L_0 - L_0 e^{-Kt} = L_0(1 - e^{-Kt})$$

です．

例 6.5 BOD $8\,mg/\ell$，脱酸素係数 $0.2/$日 の河川水が 36 時間流下する間に消費される酸素量 (mg/ℓ) はおよそいくらか．ただし微生物作用以外による酸素消費はないものとする．また $\log 0.74 = -0.3$ とする

【解答】フェルプスの式より得られる

$$L(t) = L_0 e^{-Kt}$$

に，$L_0 = 8$，$K = 0.2$，$t = 1.5$ (36 時間は 1.5 日) を代入すると，

$$L(1.5) = 8e^{-0.2 \times 1.5} = 8e^{-0.3}$$

となる．$\log 0.74 = -0.3$ より $e^{-0.3} = 0.74$ であるから，

$$L(1.5) = 8 \times 0.74 = 5.92$$

したがって酸素消費量は

$$8 - 5.92 = 2.08 \fallingdotseq 2(mg/\ell)$$

である．

この問題は公害防止管理者試験の「公害概論」からとってきたものです．微分方程式の知識がなくても，慣れていれば簡単な計算問題ですが，その背景には微分方程式があるのです．

6.4 核の壊変現象

すでに 2.10 節の例 2.11 で, N_0 個の放射性核種が核壊変を起こして他の原子に変わってゆくとき, 時間 t 後の原子数 N は

$$N = N_0 e^{-\lambda t}$$

で与えられることを述べました.

この式は「放射性核種の単位時間 (たとえば 1 秒) あたりの壊変数 (これが放射能の強さを表します) がそのときに存在している核種の原子数に比例する」ことから得られたものです. すなわち, 放射性核種の原子数を $N(t)$ とすると,

$$N'(t) = -\lambda N(t)$$

です. $N(t)$ が減少してゆくことを明示するために, 右辺にマイナス記号がついています (したがって壊変定数 λ は正の定数です). この微分方程式は前節の BOD の変化を表す微分方程式と記号が違うだけですから, 前節と同じ方法で解くことができます. すなわち, $t=0$ のときに N_0 個の原子があれば,

$$N(t) = N_0 e^{-\lambda t}$$

となります. これが 2.10 節の例 2.11 で示した式です.

例 6.6 ルビジウム $^{87}_{37}\text{Rb}$ は β 線 (電子) を放出して, 原子番号が 1 増加したストロンチウム $^{87}_{38}\text{Sr}$ へ壊変する (これを β 壊変という). ストロンチウム $^{87}_{38}\text{Sr}$ は安定していてこれ以上壊変しない. 時刻 t でのルビジウム $^{87}_{37}\text{Rb}$ の原子数を $N(t)$ とすると,

$$N'(t) = -1.4 \times 10^{-11} N(t)$$

である.

ルビジウムは銀白色の柔らかい金属で, 融点は約 39°C です. したがって発

熱した人が手に持つと溶けてしまいます．ルビジウムの壊変定数は 1.4×10^{-11} ですから，半減期は $\dfrac{0.693}{1.4 \times 10^{-11}} \fallingdotseq 4.9 \times 10^{10}$（490億）年です．半減期が長いことから，隕石や岩石の年代測定に用いられます（ルビジウム・ストロンチウム法）．

ところで，核の壊変によってある核種（親核種といいます）から生じた核種（娘核種といいます）がさらに核壊変をする場合があります．たとえばウラン235（$^{235}_{92}\mathrm{U}$）は10回以上の壊変を起こして，最後に安定な鉛（$^{207}_{82}\mathrm{Pb}$）になります．今，親，娘核種のそれぞれの原子数を N_1, N_2 とし，それぞれの壊変定数を λ_1, λ_2（ただし $\lambda_1 \neq \lambda_2$）とすると，

$$\begin{cases} N_1' = -\lambda_1 N_1 \\ N_2' = \lambda_1 N_1 - \lambda_2 N_2 \end{cases}$$

となります．左辺を単位時間（たとえば1秒）あたりの核種の増加数だと考えれば，二番目の式は，娘核種の増加数が親の壊変によって生じた分から娘の壊変分を引いたものであることを示しています．第一の方程式はこれまでに出てきたものと同じですから，$t=0$ のときの原子数を $N_{1,0}$ とすれば，

$$N_1(t) = N_{1,0} e^{-\lambda_1 t}$$

となります．第二の方程式は変数分離型ではないので，これまでの方法では解くことができませんが，結果だけを書くと，$t=0$ のときの娘核種の原子数を $N_{2,0}$ とすると，

$$N_2(t) = \frac{\lambda_1}{\lambda_2 - \lambda_1} N_{1,0}(e^{-\lambda_1 t} - e^{-\lambda_2 t}) + N_{2,0} e^{-\lambda_2 t}$$

となります（この微分方程式は 6.10 節で解きます）．

問　題

問題 6.4 $\lambda_1 < \lambda_2$ のとき（すなわち親核種の半減期が娘核種の半減期よりも長い場合），十分時間が経過すると，見かけ上，娘核種は親核種の半減期と同じように壊変します．それはどうしてでしょうか．

6.5 マルサスの成長モデル

ある生態系を構成する個体の時刻 t における個体数を $p(t)$ としましょう．$p(t)$ は競合や共生などのさまざまな影響によって変化しますが，出生率を b，死亡率を d とすれば，時刻 t から短い時間 h を経た時刻 $t+h$ までの間の個体数の変化は，単位時間当たりの増加が $bp(t)$，減少が $dp(t)$ ですから

$$p(t+h) - p(t) = bp(t)h - dp(t)h$$

で与えられると考えられます．これから

$$\frac{p(t+h) - p(t)}{h} = (b-d)p(t)$$

となりますから，h を 0 に近づけると微分の定義より

$$p'(t) = (b-d)p(t)$$

という微分方程式が得られます．$q = b - d$ とおくとき，もし q が t によらず一定なら，この微分方程式は変数分離型ですから，解は

$$p(t) = Ce^{qt}$$

です．q を**成長率**といいます．$q > 0$ なら $p(t)$ は指数関数的に増大します．

イギリスの牧師で経済学者であったマルサス（1766–1834）は 1798 年に『人口論』という本を書きました（1826 年に第 6 版，正確には『人口原理に関する一論――ゴドウィン氏，コンドルセ氏その他の著述家らの諸説を論評しつつ人口原理が社会の将来の改善に及ぼす影響を論ずる』という長い書名でした）．人口の増加についてマルサスは「人口は制限されなければ等比数列的に増大し，人間のための生活資料は等差数列で増大する」と述べています．そこで，上の微分方程式で表される固体の成長モデルを**マルサスの成長モデル**と呼んでいます．

例 6.7 次の表はアメリカ合衆国の人口統計（単位は 100 万人）である．

6.5 マルサスの成長モデル

年	1790	1800	1810	1820	1830	1840	1850	1860	1870	1880
人口	3.9	5.3	7.2	9.6	13.0	17.1	23.2	31.4	38.6	50.2
年	1890	1900	1910	1920	1930	1940	1950	1960	1970	
人口	62.9	76.2	92.0	106.0	123.0	132.3	151.7	180.0	205.4	

この表にマルサスの成長モデルを当てはめてみる．$p(t) = Ce^{qt}$ における C と q を決めるために $p(1800) = 5.3$, $p(1850) = 23.2$ を利用する．

$$\frac{23.2}{5.3} = \frac{p(1850)}{p(1800)} = \frac{Ce^{1850q}}{Ce^{1800q}} = e^{50q}$$

だから，対数をとれば

$$q = \frac{1}{50} \log \frac{23.2}{5.3} = 0.02953$$

である（計算にはコンピュータを用いています）．よって $p(1800) = 5.3$ より

$$C = \frac{5.3}{e^{1800 \times 0.02953}} = 4.363 \times 10^{-23}$$

となる．したがって，求める式は

$$p(t) = 4.363 \times 10^{-23} e^{0.02953t}.$$

この予測式と実際の統計値をコンピュータでグラフ化してみると，1890年頃まではほぼ一致しているが，それ以降は一致しないことがわかる．

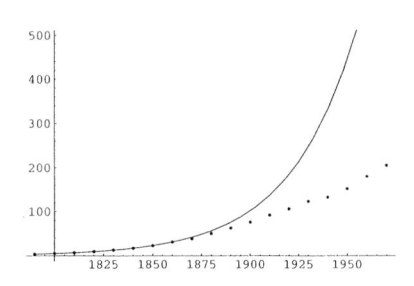

問 題

問題 6.5 1965年の世界の人口は33億4千万人で人口の成長率は1年間に2%でした．マルサスの成長モデルによる人口の予測式 $p(t)$ を求めてください．

6.6 ロジスティック方程式 (1)

マルサスの成長モデルを考えたときには，出生率と死亡率はともに定数だと考えていました．しかし，個体数が多くなり密度が高くなると，一般に出生率は低くなり，死亡率は高くなることが実験などで知られています．そこで，
(1) 出生率はある定数 b_0 から個体数 $p(t)$ に比例した値 $b_1 p(t)$ を引いたもの，
(2) 死亡率はある定数 d_0 に個体数 $p(t)$ に比例した値 $d_1 p(t)$ を加えたもの，
と仮定してみましょう．すなわち

$$b(t) = b_0 - b_1 p(t), \quad d(t) = d_0 + d_1 p(t), \quad b_1, d_1 > 0.$$

これを前節で用いた $p'(t) = (b-d)p(t)$ の b と d のところに代入すると

$$p'(t) = \{b_0 - d_0 - (b_1 + d_1)p(t)\}p(t)$$

となります．ここで $b_0 - d_0 = r$, $\dfrac{r}{b_1 + d_1} = K$ とおくと，

$$\boxed{p'(t) = r\left(1 - \frac{p(t)}{K}\right)p(t)}$$

となります．この型の微分方程式を**ロジスティック方程式**といいます．もちろん $b_1 + d_1 = s$ とおいてもかまいません．このときには $p'(t) = \{r - sp(t)\}p(t)$ となります．これをロジスティック方程式と呼んでいる本もたくさんあります．のちにわかるように $K = r/s$ に意味があるので，ここでは上のようにおいて話を進めます．r は個体数の影響を考えないときの成長率で**内的成長率**と呼ばれます．また K は**環境収容力**と呼ばれる定数です．

ロジスティック方程式は変数分離型ですから，解いてみましょう．まず，$p(t) = 0$ と $p(t) = K$ という定数関数は明らかに解ですが，今の場合は問題の趣旨に合わないので $p(t) \neq 0, K$ としましょう．このとき右辺は $r \times \dfrac{(K-p)p}{K}$ と変形できますから，

$$\int \frac{K}{(K-p)p}\,dp = \int r\,dt$$

を計算すれば解が求まります．左辺は被積分関数を部分分数に分解すれば，

$$\int \frac{K}{(K-p)p}dp = \int \left(\frac{1}{p} + \frac{1}{K-p}\right)dp = \log|p| - \log|K-p| + C$$

となります (5.2 節の問題 5.2 の (5) を参照してください)．一方，右辺は $rt+C$ となりますから，積分定数をまとめれば

$$\log\left|\frac{p}{K-p}\right| = rt + C$$

となります．よって，

$$\frac{p}{K-p} = \pm e^{rt+C} = \pm e^{C}e^{rt}$$

です．$\pm e^C$ を改めて C とかき，この式から p を求めると

$$p(t) = \frac{KCe^{rt}}{1+Ce^{rt}} = K\left(1 - \frac{1}{1+Ce^{rt}}\right), \quad C \neq 0$$

が得られます．この関数のグラフを**ロジスティック曲線**といいます．

例 6.8 アメリカ合衆国の人口統計の 1800 年，1840 年，1880 年の情報を用いて，コンピュータを用いて定数 K, r, C を決めると

$$p(t) = 270.569\left(1 - \frac{1}{1 + 3.30297 \times 10^{-26} \times e^{0.0304219t}}\right)$$

が得られる．

この $p(t)$ と実際の統計値をグラフに描くとつぎのようになり，よく近似していることがわかります（点が統計値です）．

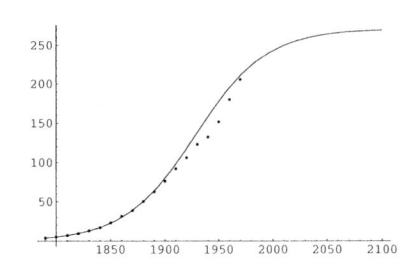

6.7 ロジスティック方程式 (2)

前節で求めたロジスティック方程式の解

$$p(t) = K\left(1 - \frac{1}{1+Ce^{rt}}\right), \quad C \neq 0$$

について少し詳しく考えてみましょう.

まず, t が大きくなったときのようすを考えてみます. 内的成長率 r が正のときは, t が大きくなってゆくと $1/(1+Ce^{rt})$ は 0 に近づいてゆきますから, $p(t)$ は K に近づいてゆきます. つまり, ロジスティック方程式で表されるモデルでは個体数は無限に多くはならず, 一定の値 K に近づいてゆくのです. K を環境収容力というのはこのためです. 例 6.8 ではアメリカ合衆国の人口は 2 億 7000 万人に近づくことになります. 一方, r が負のときは, t が大きくなってゆくと $1/(1+Ce^{rt})$ は 1 に近づいてゆきますから, $p(t)$ は 0 に近づいてゆきます. 内的成長率が負ということは出生数よりも死亡数の方が多いということですから, これは当然です.

さて, $p(t)$ のグラフの概形を実際に描いてみましょう. $r > 0$ とします. したがって $K = r/(b_1+d_1) > 0$ です. また C は 0 と 1 の間の定数としましょう (例 6.8 では $C = 3.30297 \times 10^{-26}$ ですから C は非常に小さな正の数です).

関数 $p(t)$ を微分すると

$$p' = -K\frac{-Cre^{rt}}{(1+Ce^{rt})^2} = \frac{KCre^{rt}}{(1+Ce^{rt})^2}$$

となります. r, K, C はみな正で, e^{rt} も常に正ですから, p' は常に正です. すなわち p は常に増加しています. 次に第 2 次導関数 p'' は

$$\begin{aligned}p'' &= \frac{KCr^2e^{rt}(1+Ce^{rt})^2 - KCre^{rt}\cdot 2(1+Ce^{rt})Cre^{rt}}{(1+Ce^{rt})^4}\\ &= \frac{KCr^2e^{rt}\{(1+Ce^{rt})^2 - 2Ce^{rt}(1+Ce^{rt})\}}{(1+Ce^{rt})^4}\\ &= \frac{KCr^2e^{rt}(1-C^2e^{2rt})}{(1+Ce^{rt})^4}\end{aligned}$$

6.7 ロジスティック方程式 (2)

ですから, $p'' = 0$ となるのは, $1 - C^2 e^{2rt} = 0$, すなわち $e^{2rt} = 1/C^2$ のときです. $e^{2rt} = 1/C^2$ の両辺の対数をとると, $2rt = \log(1/C^2) = -\log C^2$ となりますから, $p'' = 0$ となるのは $t = \dfrac{-\log C^2}{2r}$ のときであることがわかりました. $0 < C < 1$ より $\log C^2$ は負ですから, この t の値は正であることに注意をしておきましょう. さて, 増減表はつぎのようになります.

x	$\cdots$	$\dfrac{-\log C^2}{2r}$	$\cdots$
p'		$+$	
p''	$+$	0	$-$
p	↗	$K/2$	↗
	下に凸	変曲点	上に凸

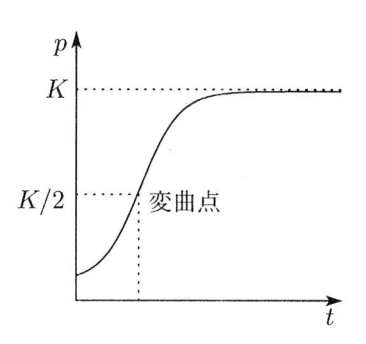

ここで $t = \dfrac{-\log C^2}{2r}$ のときの p の値は

$$p\left(\frac{-\log C^2}{2r}\right) = K\left(1 - \left(1 + C\exp\left\{r\frac{-\log C^2}{2r}\right\}\right)^{-1}\right)$$

ですが,

$$\exp\left\{r\frac{-\log C^2}{2r}\right\} = (e^{\log C^2})^{-1/2} = (C^2)^{-1/2} = 1/C$$

ですから,

$$p\left(\frac{-\log C^2}{2r}\right) = K\left(1 - \left(1 + C \times \frac{1}{C}\right)^{-1}\right) = K\left(1 - \frac{1}{2}\right) = \frac{K}{2}$$

です. したがってグラフの外形は上図右のようになります.

個体数が環境収容力のちょうど半分に達したところが変曲点です. つまりロジスティック曲線で表されるモデルでは, 個体数が環境収容力の半分に達するまでは個体数の増加率が増えてゆきますが, 個体数が環境収容力の半分を超えると, 増加率は減少して個体の増え方が衰えてゆきます.

6.8 MSYと資源の管理，とくに鯨の捕獲枠

前節の最後で変曲点の p 座標が $K/2$ であることを計算しましたが，この変曲点で接線の傾きが最大になることに注目すれば，もう少し簡単に変極点の p 座標を求めることができます．もともとの微分方程式は

$$p' = r\left(1 - \frac{p}{K}\right)p = -\frac{r}{K}p^2 + rp$$

ですから，横軸に p, 縦軸に p' をとると，上に凸の放物線です（図 6.1 の左）．よって p' が最大になるのは，

$$p' = -\frac{r}{K}(p^2 - Kp) = -\frac{r}{K}\left\{\left(p - \frac{K}{2}\right)^2 - \frac{K^2}{4}\right\} = -\frac{r}{K}\left(p - \frac{K}{2}\right)^2 + \frac{rK}{4}$$

より $p = K/2$ のときで，p' の最大値は $rK/4$ です．

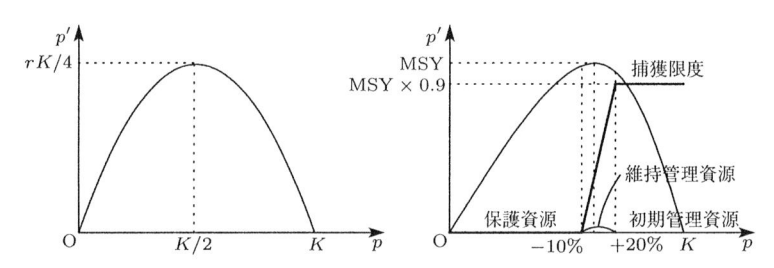

図 6.1 MSY の概念図（左）と捕鯨における新管理方式の概念図（右）

さて，たとえば鯨の捕獲枠の問題を考えてみましょう（鯨に限らずほかの魚類でも同じです）．この場合，p は鯨の頭数を表し，p' は1年当たりの鯨の増加数を示しています．ここで，増加数 p' の最大値を**最大持続生産量**（Maximum Sustainable Yield）といい，簡単に MSY といいます．つまり上のグラフの頂点の y 座標（$rK/4$）です．そして MSY になる頭数（$K/2$）を MSY レベルといいます．これは頂点の x 座標です．仮に頭数が MSY レベルのときに MSY だけ捕獲すると，鯨の増加数と捕獲数が等しいので，平衡状態となり鯨の頭数は常に MSY レベルに保たれます．毎年 MSY より多く捕獲すれば，鯨の頭数

は減少し絶滅します．また MSY だけ捕獲する場合でも，鯨の頭数が MSY レベルに満たなければ鯨は減少して絶滅します．逆に MSY レベルを超えているときには，鯨は MSY レベルに向かって減少してゆきます．

以上の議論は簡明ですが，実際にはこのようには簡単ではありません．まず大前提として K や r が変化しないという条件があります．また捕獲以外の要因で頭数が変動するかもしれません．一般に，個体数が大きく変動する魚類や，個体数が周期的，または非周期的に変動する魚類ではこのようなモデルは適用できません．さらに K と r をどのくらいとみなすかという問題もあります．MSY が考案された 1930 年代には漁獲量と漁獲努力量（操業日数などのことで，現在では「海洋生物資源の保存及び管理に関する法律」に定義されています）などのデータから，MSY を直接推定していました．

鯨の捕鯨枠は第二次世界大戦以前からシロナガス換算方式という，各種鯨をシロナガス鯨に換算して（たとえばザトウ鯨は 2.5 頭扱い），シロナガス鯨の頭数で捕獲枠を決めていました．しかし効率のよい大型種から捕獲が進んだため，1960 年代から 70 年代にかけて種別に捕獲枠が設定されるようになりました．

1974 年，MSY 理論を改良したペラ–トムリンソン・モデルが提案され，翌 75 年から適用されました．このモデルでは MSY レベルは初期資源（環境収容力）の約 60% に設定され，(1) MSY レベルの 20% 以上（すなわち $60+60\times 0.2 = 72$ 以上）の状態を初期管理資源とし，捕獲限度を MSY の 90%，(2) MSY レベルの -10% から 20% までの範囲の状態を維持管理資源とし，捕獲限度は MSY の 90% を限度に資源量に応じて決定，(3) MSY レベルの -10% 以下の状態を保護資源とし，捕獲限度を 0%，とすることが決められました（図 6.1 の右）．これが新管理方式（New Management Procedure, NMP）と呼ばれるものです．

NMP では初期資源量 K，MSY，現在の資源量が決まらないと捕獲枠が設定できません．そこで，捕鯨派，反捕鯨派によって多様な推定値が提案され，論争が続きました．そこで NMP にかわる管理方式がいくつか提案され，そのなかで Cooke による C 方式が 1992 年に IWC 科学委員会によって採用されました．これが改訂管理方式（Revised Management Procedure, RMP）です．

なお，RMP の対象はヒゲ鯨で，ハーレムを形成するマッコウクジラをはじめ，歯鯨類は対象外となっています．

6.9 ロジスティック方程式の拡張

前節の図 6.1（右）に示したグラフはペラ－トムリンソンにより拡張されたロジスティック方程式で，

$$p' = r\left\{1 - \left(\frac{p}{K}\right)^2\right\}p$$

という式によって表されるものです．2乗のところを一般の a 乗にかえたものも考えられています．この式は資源管理を考えるときの基礎的な方程式です．

p' は p の三次関数で，このグラフは簡単に描くことができます（問題 6.6）．図 6.2 は $0 \leqq p \leqq K$ の範囲のグラフを描いたものです（参考までに通常のロジスティック方程式のグラフも描いておきました）．ここで，$K/\sqrt{3} \fallingdotseq 0.577K$

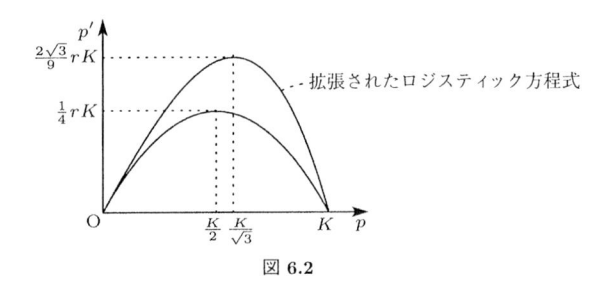

図 6.2

ですから，MSY レベルは環境収容力の約 58% に当たります．

変数分離型微分方程式の練習にペラ－トムリンソンの式を解いてみましょう．

$$p' = \frac{r}{K^2}(K^2 - p^2)p$$

ですから，

$$\int \frac{1}{(K+p)(K-p)p}\,dp = \int \frac{r}{K^2}\,dt$$

を計算します．まず，左辺の被積分関数を部分分数に変形します．

$$\frac{1}{(K+p)(K-p)p} = \frac{A}{K+p} + \frac{B}{K-p} + \frac{C}{p}$$

とおき，分母をはらうと

$$1 = (K-p)pA + (K+p)pB + (K+p)(K-p)C$$

ですから，$p = -K$ とすれば $1 = -2K^2 A$ より $A = -\dfrac{1}{2K^2}$，$p = K$ とすれば $1 = 2K^2 B$ より $B = \dfrac{1}{2K^2}$，$p = 0$ とすれば $1 = K^2 C$ より $C = \dfrac{1}{K^2}$ となります（5.2 節の問題 5.2 の (6) も参照してください）．したがって左辺は

$$\int \frac{1}{(K+p)(K-p)p}\,dp$$
$$= -\frac{1}{2K^2}\int \frac{1}{K+p}\,dp + \frac{1}{2K^2}\int \frac{1}{K-p}\,dp + \frac{1}{K^2}\int \frac{1}{p}\,dp$$
$$= -\frac{1}{2K^2}\log|K+p| - \frac{1}{2K^2}\log|K-p| + \frac{1}{K^2}\log|p| + C.$$

これが $\dfrac{r}{K^2}t + C$ に等しいので，分母をはらい，積分定数を一括すれば，

$$-\log|K+p| - \log|K-p| + 2\log|p| = 2rt + C$$

となります．よって

$$\log\left|\frac{p^2}{(K+p)(K-p)}\right| = 2rt + C$$

ですから，

$$\frac{p^2}{K^2 - p^2} = \pm e^C e^{2rt}$$

です．$\pm e^C$ を改めて C とかけば，

$$p^2 = (K^2 - p^2)Ce^{2rt}, \quad C \neq 0.$$

これから

$$p^2 = \frac{K^2 Ce^{2rt}}{1 + Ce^{2rt}} = K^2\left(1 - \frac{1}{1 + Ce^{2rt}}\right)$$

となります．

問　題

問題 6.6 図 6.2 に描かれている拡張されたロジスティック方程式のグラフの極値を求めてください．

6.10　1階線形微分方程式

6.4 節の最後に示した微分方程式の解の求め方を考えましょう．一般に

$$y' + p(x)y = q(x)$$

の形をした微分方程式を **1 階線形微分方程式**といいます．

$q(x) = 0$ なら，この方程式は変数分離型の $y' + p(x)y = 0$ となり，解は

$$\int \frac{1}{y}\,dy = -\int p(x)\,dx$$

より

$$y = Ce^{-\int p(x)\,dx}$$

です．今，

$$\varphi(x) = e^{-\int p(x)\,dx}$$

とおくと，$y = \varphi(x)$ はもちろん $y' + p(x)y = 0$，すなわち

$$\varphi' + p(x)\varphi = 0$$

を満たします．

さて，z を x の関数として，$y = \varphi(x)z$ がはじめの微分方程式の解になる条件を求めてみましょう．この関数をはじめの微分方程式に代入すると，左辺は

$$y' + p(x)y = \varphi'z + \varphi z' + p(x)\varphi z = \varphi z' + (\varphi' + p(x)\varphi)z = \varphi z'$$

となりますから，$\varphi z' = q(x)$ です．よって

$$z' = \frac{q(x)}{\varphi(x)}$$

となります．この両辺を積分すると，

$$z = \int \frac{q(x)}{\varphi(x)}\,dx + C = \int \left\{ q(x)e^{\int p(x)\,dx} \right\} dx + C$$

が得られます．つまり z をこのようにとれば，$y = \varphi(x)z$ がはじめの微分方程式の解となります．したがって

$$y = e^{-\int p(x)\,dx}\left(\int q(x)e^{\int p(x)\,dx}\,dx + C\right)$$

が求める解です．

この解法を見直してみると，$q(x) = 0$ とした微分方程式の解の積分定数 C を x の関数 z に変えて，z に関する微分方程式を解き，はじめの微分方程式の解を求めていることがわかります．そこでこのような「定数部分を関数に置き換えて」微分方程式を解く方法を**定数変化法**と呼びます．

例 6.9 $y' + ay = e^x$ を解く．まず $y' + ay = 0$ の解は $y = Ce^{-ax}$．積分定数 C を x の関数 $c(x)$ にかえた $y = c(x)e^{-ax}$ をもとの方程式に代入すると，

$$c'(x)e^{-ax} - ac(x)e^{-ax} + ac(x)e^{-ax} = c'(x)e^{-ax} = e^x$$

であるから，$c'(x) = e^{(a+1)x}$．これを積分して

$$c(x) = \frac{1}{a+1}e^{(a+1)x} + C$$

よって求める解は

$$y = e^{-ax}\left(\frac{1}{a+1}e^{(a+1)x} + C\right)$$

である．

問　題

問題 6.7 微分方程式 $y' + ay = be^{-\lambda x}$ を解いてください．

問題 6.8 6.2 節の最後に述べた，親，娘核種の満たす微分方程式

$$N_1' = -\lambda_1 N_1, \quad N_2' = \lambda_1 N_1 - \lambda_2 N_2$$

を，$t = 0$ のとき $N_1 = N_{1,0}$，$N_2 = N_{2,0}$ という初期条件で解いてください．

コラム 7：1 階線形微分方程式の別解

6.10 節では 1 階線形微分方程式を定数変化法によって解きましたが，次のようにして解くこともできます．まず

$$y' + p(x)y = q(x)$$

の両辺に $e^{\int p(x)\,dx}$ をかけると

$$e^{\int p(x)\,dx}y' + p(x)e^{\int p(x)\,dx}y = q(x)e^{\int p(x)\,dx}$$

となりますが，

$$(e^{\int p(x)\,dx})' = e^{\int p(x)\,dx} \cdot p(x)$$

であることを思い出してこの左辺をよく見ると，

$$p(x)e^{\int p(x)\,dx}y + e^{\int p(x)\,dx}y' = \left(e^{\int p(x)\,dx}y\right)'$$

となっていることに気がつきます（右辺の微分を計算してみてください）．したがって

$$\left(e^{\int p(x)\,dx}y\right)' = q(x)e^{\int p(x)\,dx}$$

となります．これより

$$e^{\int p(x)\,dx}y = \int q(x)e^{\int p(x)\,dx}\,dx + C$$

ですから，

$$y = e^{-\int p(x)\,dx}\left(\int q(x)e^{\int p(x)\,dx}\,dx + C\right)$$

が得られます．

ひとつの問題に対して解法はひとつとは限りません．今の場合には，定数の部分を関数に置き換える本文の方法と，$e^{\int p(x)\,dx}$ を両辺にかける別解の方法を学びました．このどちらの解法にもひらめき，創造的な発想がひそんでいます．数学には「単に実用に必要な無味乾燥なもの」という以上の輝かしい喜びがあると思うのですが，読者の皆さんはいかがでしょうか．

7

問題の解答と説明

解答と説明（第 1 章）

解答 1.1 まず $(ax+b)$ 全体を分配法則の公式中の a だと思って計算し，つぎに右から分配します．

$$(ax+b)(cx+d) = (ax+b)cx + (ax+b)d$$
$$= acx^2 + bcx + adx + bd$$
$$= acx^2 + (ad+bc)x + bd$$

解答 1.2 (1) 展開公式 (4) を使えば $(2a+1)(3a-2) = 6a^2 - a - 2$ となります．(2) これは展開公式 (3) です．$(x+3)(x-3) = x^2 - 9$．(3) 展開公式 (1) を使えば $(x-2y)^2 = x^2 - 4xy + 4y^2$ となります．

解答 1.3 (1) 展開公式 (4) を逆に見た

$$acx^2 + (ad+bc)x + bd = (ax+b)(cx+d)$$

を使う問題です．$ac = 1$, $bd = -5$, $ad + bc = 4$ となる a, b, c, d を求めればよいので，普通は $\begin{matrix} 1 & -1 \\ 1 & 5 \end{matrix}$ と書いて，$a = 1$, $b = -1$, $c = 1$, $d = 5$ を求めます．よって $x^2 + 4x - 5 = (x-1)(x+5)$ です．(2) 展開公式 (5) を逆に見た

$$a^3 + b^3 = (a+b)(a^2 - ab + b^2)$$

を用いて，$x^3 + 8y^3 = x^3 + (2y)^3 = (x+2y)(x^2 - 2xy + 4y^2)$ となります．(3) 展開公式 (2) を逆に見た

$$a^3 - 3a^2b + 3ab^2 - b^3 = (a-b)^3$$

を用いると，$x^3 - 3x^2 + 3x - 1 = (x-1)^3$ となります．

解答 1.4 一般に $x=a$ のときの $f(x)=x^2+1$ を求めたかったら,x のところに a を入れるだけです.(1) $f(-1)=(-1)^2+1=2$. (2) $f(2)=2^2+1=5$. (3) $f(-2)=(-2)^2+1=5$. (4) $f(0)=0^2+1=1$.(2), (3) の計算を見てもわかるように,この関数の場合,一般に $x=a$ での値と $x=-a$ での値は等しくなります.

解答 1.5 図 7.1.直線は二点が決まると決まりますから,関数のグラフが通る適当な二点を求めて,それを直線で結びます.たとえば $x=0$, $x=1$ のときの y の値を求めれば,計算が楽です.とくに $x=0$ のときの y の値は y 切片です.(1) 二点 $(0,0)$, $(1,1)$ を通りますから,図の (1) のようになります.(2) y 切片は 1,$x=1$ のとき $y=3$ ですから,グラフは二点 $(0,1)$, $(1,3)$ を通る直線です(図の (2)).なお,$x=-\frac{1}{2}$ のとき $y=0$ ですからこの直線は $x=-\frac{1}{2}$ のところで x 軸と交わります.(3) y 切片は -3,$x=1$ のとき $y=-1$ ですから,二点 $(0,-3)$, $(1,-1)$ を通る直線です(図 (3)).この場合は $x=\frac{3}{2}$ とすると $y=0$ となりますから,この直線は $x=\frac{3}{2}$ のところで x 軸と交わります.(4) y 切片は 4,$x=1$ のとき 2 ですから二点 $(0,4)$, $(1,2)$ を通る直線です(図 (4)).$x=2$ のとき $y=0$ ですから,この直線は $x=2$ のところで x 軸と交わります.このように y 切片のほかに x 軸との交点が求まる場合には,これらの点を用いてグラフを描くとわかり易いグラフになります.

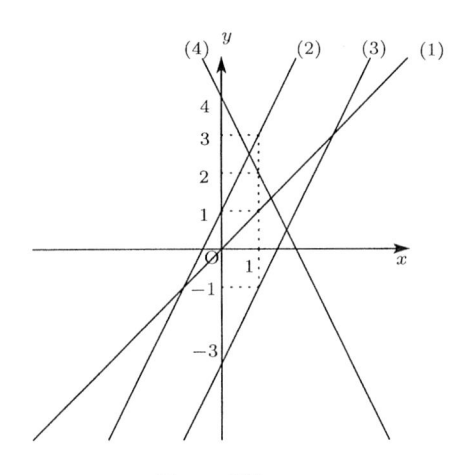

図 7.1 解答 1.5

解答 1.6 説明というと困ってしまうかも知れませんが,たとえば x が 1 から 2 まで 1 増えると,y は $a \times 1 + b = a+b$ から $a \times 2 + b = 2a+b$ まで変化しますから,y は $(2a+b)-(a+b)=a$ だけ増えます.そこで,「1 から 2 まで」を「p から $p+1$ まで」に一般化して解答すればよいのです.したがって解答はつぎのようにな

ります．x が p から $p+1$ まで1増えると，関数の値 y は $ap+b$ から $a(p+1)+b$ まで変化しますから，y は $\{a(p+1)+b\} - (ap+b) = a$ だけ増えます．

解答 1.7 次のように変形します．

$$\begin{aligned}
y &= ax^2 + bx + c \\
&= a\left(x^2 + \frac{b}{a}x\right) + c \\
&= a\left\{\left(x + \frac{b}{2a}\right)^2 - \frac{b^2}{4a^2}\right\} + c \\
&= a\left(x + \frac{b}{2a}\right)^2 - \frac{b^2}{4a} + c \\
&= a\left(x + \frac{b}{2a}\right)^2 - \frac{b^2 - 4ac}{4a}.
\end{aligned}$$

したがって $-\frac{b}{2a} = p$, $-\frac{b^2 - 4ac}{4a} = q$ とおくと $y = a(x-p)^2 + q$ の形になります．

解答 1.8 まず $y = a(x-p)^2 \cdots (1)$ と $y = a(x-p)^2 + b \cdots (2)$ の関係を考えましょう．関数 (2) の値 y は関数 (1) 値 y に b を加えたものですから，グラフで言えば (2) のグラフは (1) のグラフを上に b だけ移動したものです．($b = -3$ というように b が負のとき，「上に -3 移動する」というのは「下に 3 移動する」ということです．)

つぎに，$y = ax^2 \cdots (1)$ と $a = a(x-p)^2 \cdots (2)$ の関係を考えましょう．いくつか例で考えてみます．たとえば x が 0 のとき，関数 (2) の値は $y = a(-p)^2$ です．この値は関数 (1) の $x = -p$ のときの値と同じです．x が 1 のとき，関数 (2) の値は $y = a(1-p)^2$ です．この値は関数 (1) の $x = 1-p$ のときの値と同じです．このように，関数 (2) の x での値は関数 (1) の $x-p$ のときの値です．ということは，関数 (2) のグラフは関数 (1) のグラフを右に p だけ移動したものということです（図 7.2 参照）．

以上より $y = ax^2$ のグラフを右に p, 上に q 移動したものが $y = a(x-p)^2 + q$ のグラフです．

解答 1.9 図 7.3. (2) は (1) のグラフを右に 3 移動したものです．(3) は

$$y = x^2 - 6x + 7 = \{(x-3)^2 - 9\} + 7 = (x-3)^2 - 2$$

ですから，(1) のグラフを右に 3 移動した (2) を下に 2 移動したものです．(4) は

$$y = -x^2 + 2x + 1 = -(x^2 - 2x - 1) = -\{(x-1)^2 - 2\} = -(x-1)^2 + 2$$

ですから，$y = -x^2$ のグラフを右に 1, 上に 2 移動したものです．

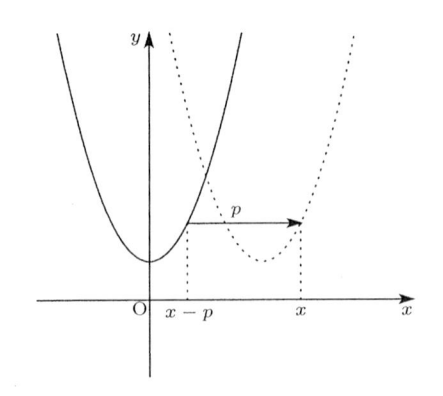

図 7.2 解答 1.8 参考図

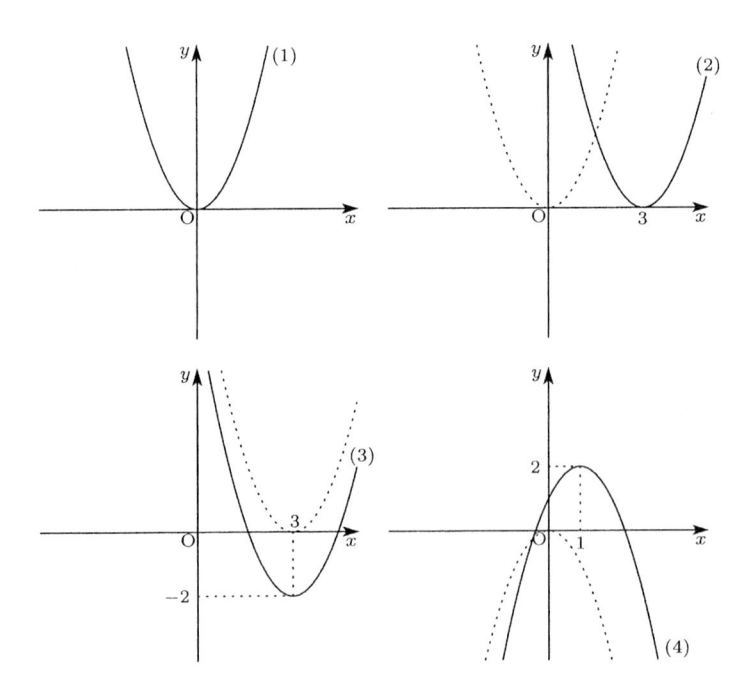

図 7.3 解答 1.9

解答と説明（第 2 章）

解答 2.1 $78.09 + 20.94 = 99.03$. 大気の 99% の体積は窒素と酸素ということです.

解答 2.2 窒素の濃度は $78.09 = 7.809 \times 10$ です. 酸素の濃度は $20.94 = 2.094 \times 10$ です. これらの場合 10 の指数は 1 で，普通, 1 乗の 1 は省略します. アルゴンの濃度は $0.93 = 9.3 \times 10^{-1}$, 二酸化炭素の濃度は $0.0318 = 3.18 \times 10^{-2}$ です. 10^{-2} をかけると，小数点が左に 2 個移動します.

解答 2.3 クリプトンの濃度は 1×10^{-4}, 水素の濃度は 5×10^{-5} で，1 と 5 だけを見ると水素の濃度の方が高いように見えますが，

$$1 \times 10^{-4} = 0.0001$$
$$5 \times 10^{-5} = 0.00005$$

と並べてみればわかるように，水素の濃度はクリプトンの濃度より 1 桁小さいことがわかります. 水素の濃度はクリプトンの濃度の 2 分の 1 です.

解答 2.4 メタンの重量は 3.7×10^9, クリプトンの重量は 1.5×10^{10} で，3.7 と 1.5 だけ見るとメタンの方が重いように見えますが，

$$3.7 \times 10^9 = 3700000000$$
$$1.5 \times 10^{10} = 15000000000$$

と並べてみればわかるように，クリプトンの方が一桁重いことがわかります. クリプトンの重量はメタンの重量の約 4 倍です.

解答 2.5 この表は濃度の高い順に並べたものです. 重量は最初のうちは重い順に並んでいますが，前問で見たようにメタンとクリプトンのところで重さが逆転しています. あわてずに確認してください.

解答 2.6 (1) 1ppm は 1×10^{-6} で，1%は 1×10^{-2} ですから，1ppm は $10^{-4}\% = 0.0001\%$ です. (2) 問題 (1) より 1ppm が 0.0001%ですから，0.031 ppm は $0.031 \times 0.0001 = 0.0000031\%$ です.

解答 2.7 (1) b (2) c (3) a (4) d. これは数学の問題はありません. このようなものは記憶しておくしか解答の方法がないのですが, (2) だけが単位が異なっていて mg/m^3 となっていますから，これはすぐにわかるかも知れません. 光化学オキシダントは工場や自動車から排出される窒素酸化物や炭化水素類などが太陽光線を受けてできた強い酸化力を持った物質のことです. オゾンがその代表的な物質です. 光化学オキシダントは光化学スモッグの原因となります. 高濃度では人体，とくに粘膜に影

響したり，農作物へ影響があります．またオゾンは二酸化炭素よりもはるかに強力な温室効果を持つと言われています．

解答 2.8 1ℓ は $1000\,\mathrm{cc} = 1000\,\mathrm{cm}^2$ ですから $22.4\,\ell$ は $22400\,\mathrm{cm}^3$ です．今，球の半径を $r\,\mathrm{cm}$ とすれば $\frac{4}{3}\pi r^3 = 22400$ ですから，$r^3 = 22400 \times \frac{3}{4\pi} \fallingdotseq 5350.32$．したがって $r \fallingdotseq 17.5\,\mathrm{cm}$ ($17.45^3 = 5313.\cdots$，$17.5^3 = 5359.\cdots$) です．よって直径は約 $35\,\mathrm{cm}$ です．これらの計算には電卓を使うのが便利です．

解答 2.9 (1) 二酸化炭素の分子量は 44 ですから，1 モルが 44 グラムです．したがって 11 グラフではその 4 分の 1，つまり 0.25 モルです．また 1 モルで $22.4\,\ell$ なのですから，0.25 モルではその 4 分の 1，すなわち $5.6\,\ell$ です．(2) 1 モル濃度の食塩水というのは $1\,\ell$ に塩化ナトリウム NaCl が 1 モル溶けている食塩水のことですから，$22.990 + 35.443 = 58.433$ グラム溶かせば 1 モル濃度となります．

解答 2.10 メタン 1 モル（16 グラム）から二酸化炭素 1 モル（44 グラム）できるのですから，10 グラムのメタンを燃やすと $10 \times \frac{44}{16} = 27.5 \fallingdotseq 28$ グラムの二酸化炭素が発生します．

解答 2.11 公式 (2) と (3) を確認する問題です．(1) $3^0 = 1$．(2) $(2.5^0)^4 = 1^4 = 1$．0 乗すると 1 になることを覚えておきましょう．(3) $2^{-3} = \frac{1}{2^3} = \frac{1}{8}$．指数が負のときは分母に移ることを覚えておきましょう．(4) $\left(\frac{2}{3}\right)^{-3} = \frac{1}{(2/3)^3} = \frac{1}{8/27} = \frac{27}{8}$．これも指数が負の整数の場合の計算ですが，累乗される数が 2/3 という分数になっているので少し面倒です．

解答 2.12 この問題は指数が $1/n$ の形をしている計算ですが，$\sqrt[n]{}$ の形で問題が与えられています．(1) $\sqrt{9} = 3$．$\sqrt[2]{}$ の 2 は省略して $\sqrt{}$ と書くのでした．また 2 回かけて 9 になる数は 3 と -3 の二つありますが，正の 3 とするのが定義でした．(2) $\sqrt[3]{8} = 2$．(3) $\sqrt[3]{27} = 3$．(4) $\sqrt[4]{16} = 2$．これら二つは感覚としてすぐに出るようしておきましょう．(5) $-\sqrt{2\frac{1}{4}} = -\sqrt{\frac{9}{4}} = -\frac{3}{2}$．最初についているマイナス記号はただついているだけですが，最後まで忘れないようにしなくてはなりません．(6) $\sqrt[3]{0.001} = 0.1$．0.1 は確かに 3 乗すると 0.001 になります．(7) $\sqrt[4]{5\frac{1}{16}} = \sqrt[4]{\frac{81}{16}} = \frac{3}{2}$．4 乗して 81 になるのは ± 3 です．

解答 2.13 いよいよ指数が分数の場合の計算です．(1) $27^{1/3} = 3$．これは前問にあわせて書けば $\sqrt[3]{27}$ で，3 回かけて 27 になる数ですから 3 です．(2) $8^{2/3} = \sqrt[3]{8^2} = \sqrt[3]{64} = 4$．3 回かけて 64 になるのは 4 です．(3) $32^{0.4} = 32^{4/10} = 32^{2/5} = \sqrt[5]{32^2} = \sqrt[5]{1024} = 4$．この計算はコンピュータに詳しい人には簡単かもしれませんが，5 回かけて 1024 になる数というのは慣れないと少し難しいかも知れません．(4) $1000^{2/3} = \sqrt[3]{1000^2} = \sqrt[3]{1000000} = 100$．100 の 3 乗が 1000000

です．(5) $27^{-1/3} = \sqrt[3]{27^{-1}} = \sqrt[3]{\dfrac{1}{27}} = \dfrac{1}{3}$．最初の等式は公式 (4) にあてはめたものです．また $27^{-1} = 1/27$ です．(6) $8^{-2/3} = \sqrt[3]{8^{-2}} = \sqrt[3]{\dfrac{1}{64}} = \dfrac{1}{4}$．(7) $32^{-0.4} = 32^{-2/5} = \sqrt[5]{32^{-2}} = \sqrt[5]{\dfrac{1}{32^2}} = \sqrt[5]{\dfrac{1}{1024}} = \dfrac{1}{4}$．(6) と (7) は指数が分数の上，マイナスがついているので面倒です．あわてずに理解してください．(8) $100^{-1/2} = \sqrt{100^{-1}} = \sqrt{\dfrac{1}{100}} = \dfrac{1}{10}$．これはおまけの問題です．

解答 2.14 前問では分数の指数を $\sqrt[n]{}$ の形になおして考えましたが，その逆がこの問題です．(1) $\sqrt[3]{5^2} = 5^{2/3}$．(2) $\sqrt[5]{3^{-7}} = 3^{-7/5}$．(3) $\sqrt[4]{3} = 3^{1/4}$．(4) $\sqrt{5^3} = 5^{3/2}$．

解答 2.15 (1) から (8) までは公式 (1)，(9) から (13) までは公式 (2)，(14) から (20) までは公式 (3) の練習です．(1) $a^3 a^5 = a^{3+5} = a^8$．(2) $a^2 a^3 a^4 = a^{2+3+4} = a^9$．かけ算は何項あっても同じように計算できます．というのも $a^2 a^3 a^4 = a^{2+3} a^4 = a^{(2+3)+4}$ というようになるからです．(3) $a^3 a^{-2} = a^{3-2} = a^1 = a$．これは $a^3 a^{-2} = a^{3+(-2)}$ だからです．(4) $a^3 a^{-4} = a^{3-4} = a^{-1}$．指数が負になってもかまいません．(5) $a^2 a^3 a^{-4} = a^{2+3-4} = a^1 = a$．(6) $a^2 a^3 a^{-5} = a^{2+3-5} = a^0 = 1$．指数が 0 となりました．(7) $a^2 a^3 a^{-4} a^{-5} = a^{2+3-4-5} = a^{-4}$．(8) $a^0 a^2 = a^{0+2} = a^2$．$a^0 = 1$ ですからこれは当たり前です．(9) $a^4 \div a^2 = a^{4-2} = a^2$．(10) $\dfrac{a^5}{a^5} = a^{5-5} = a^0 = 1$．これは分母，分子が等しいので当然です．(11) $a^4 \div a^7 = a^{4-7} = a^{-3}$．(12) $\dfrac{a^{-3}}{a^5} = a^{-3-5} = a^{-8}$．これは $a^{-3} = \dfrac{1}{a^3}$ より $\dfrac{a^{-3}}{a^5} = \dfrac{1}{a^3} \times \dfrac{1}{a^5} = \dfrac{1}{a^3 a^5} = \dfrac{1}{a^8}$ と考えてもよいですが，指数法則をそのまま適用すればよいでしょう．(13) $\dfrac{a^{-3}}{a^{-2}} = a^{-3-(-2)} = a^{-1}$．(14) $(a^0)^3 = a^{0 \times 3} = a^0 = 1$．これは $a^0 = 1$ ですから当然です．(15) $(a^3)^5 = a^{3 \times 5} = a^{15}$．(16) $(a^2)^{-4} = a^{2 \times (-4)} = a^{-8}$．(17) $(a^5)^0 = a^{5 \times 0} = a^0 = 1$．(18) $(a^{1/3})^3 = a^{1/3 \times 3} = a^1 = a$．(19) $(a^3)^{1/3} = a^{3 \times (1/3)} = a^1 = a$．(20) $((a^2)^2)^2 = a^{2 \times 2 \times 2} = a^8$．

解答 2.16 (1) $a^{1/2} \times a^{1/4} = a^{1/2 + 1/4} = a^{3/4}$．(2) $a^{0.4} \div a^{-1/3} = a^{2/5} \div a^{-1/3} = a^{2/5 + 1/3} = a^{11/15}$．(3) $(x^{-3})^{-2/3} = x^{-3 \times (-2/3)} = x^2$．(4) $\sqrt{y} \div \sqrt[3]{y^2} = y^{1/2} \div y^{2/3} = y^{1/2 - 2/3} = y^{-1/6} = \sqrt[6]{\dfrac{1}{y}}$．問題が根号記号 ($\sqrt{}$) を用いて与えられているので，答えも根号記号を用いて表しました．(5) $(x^{1/2} + x^{-1/2})^2 = (x^{1/2})^2 + 2 x^{1/2} x^{-1/2} + (x^{-1/2})^2 = x + 2 + x^{-1}$．1.1 節 B の展開公式 (1) を用いました．(6) $(x^{1/2} + x^{-1/2})(x^{1/2} - x^{-1/2}) = (x^{1/2})^2 - (x^{-1/2})^2 = x - x^{-1}$．1.1 節 B の展開公式 (3) を用いました．問題 (5) や (6) は一見難しそうに見えますが，それはこれらの問題が展開公式の問題でもあるからです．

解答 2.17 第 2 の指数法則を用いる問題です．(1) $(a^2 b^3)^3 \times (a^{-1} b^{-2})^2 = a^6 b^9 \times$

$a^{-2}b^{-4} = a^{6-2}b^{9-4} = a^4b^5$. (2) 根号記号 ($\sqrt{\ }$) を含む問題はまず指数を分数になおしてから計算すると楽です．$\sqrt{a^2b^3} \times \sqrt[3]{a^{-1}b^{-2}} = (a^2b^3)^{1/2} \times (a^{-1}b^{-2})^{1/3} = ab^{3/2} \times a^{-1/3}b^{-2/3} = a^{1-1/3}b^{3/2-2/3} = a^{2/3}b^{5/6} = \sqrt[3]{a^2}\sqrt[6]{b^5}$．問題が根号記号 ($\sqrt{\ }$) を用いているので，解答も根号記号 ($\sqrt{\ }$) を用いて書きましたが，その直前の分数の指数の形のままでもかまいません．(3) $(a^2b^3)^3 \div (a^{-1}b^{-2})^2 = a^6b^9 \div (a^{-2}b^{-4}) = a^{6-(-2)}b^{9-(-4)} = a^8b^{13}$．(4) $\sqrt{a^2b^3} \div \sqrt[3]{a^{-1}b^{-2}} = (a^2b^3)^{1/2} \div (a^{-1}b^{-2})^{1/3} = ab^{3/2} \div (a^{-1/3}b^{-2/3}) = a^{1-(-1/3)}b^{3/2-(-2/3)} = a^{4/3}b^{13/6} = a\sqrt[3]{a}\,b^2\sqrt[6]{b}$．

解答 2.18 (1) 表を作るには電卓で計算すると楽です．

温度	15	16	17	18	19	20	21	22	23	24	25
速度	$\frac{1}{1.1^5}$	$\frac{1}{1.1^4}$	$\frac{1}{1.1^3}$	$\frac{1}{1.1^2}$	$\frac{1}{1.1}$	1	1.1	1.1^2	1.1^3	1.1^4	1.1^5

(これらの速度を電卓で計算して，小数第 2 位を四捨五入すると，$1.1^2 \fallingdotseq 1.2$, $1.1^3 \fallingdotseq 1.3$, $1.1^4 \fallingdotseq 1.5$, $1.1^5 \fallingdotseq 1.6$, $1/1.1 \fallingdotseq 0.9$, $1/1.1^2 \fallingdotseq 0.8$, $1/1.1^3 \fallingdotseq 0.8$, $1/1.1^4 \fallingdotseq 0.7$, $1/1.1^5 \fallingdotseq 0.6$ となります．この数値を見るとグラフが直線になるようにも思えますが，実際には指数関数です．) (2) 温度が 1°C 上がると，速度が 1.1 倍になることは表からも明らかです．(3) $t = a$ のときの $G = G_{20}\theta^{t-20}$ の値は $G = G_{20}\theta^{a-20}$ で，これは $G = G_{20}\theta^t$ の $t = a - 20$ のときの値に等しいですから，$G = G_{20}\theta^{t-20}$ のグラフは $G = G_{20}\theta^t$ のグラフを右に 20 移動したものです．(たとえば $t = 20$ のときの値が $G = G_{20}\theta^t$ の $t = 0$ のときの値と等しくなります．)

解答 2.19 $x = 0$ とすると，a の値にかかわらず $y = a^0 = 1$ となるからです．

解答 2.20 $x > 0$ のときは $y = 2^x$ のグラフより $y = 3^x$ のグラフの方が上にありますが，$x < 0$ のときは $y = 2^x$ のグラフが $y = 3^x$ のグラフよりも上にあります．$x = 0$ のときは両方とも同じ点 $(0, 1)$ を通ります．

解答 2.21 (1)

x	-3	-2	-1	0	1	2	3
3^x	$\frac{1}{27}$	$\frac{1}{9}$	$\frac{1}{3}$	1	3	9	27

(2) 図 7.4 の実線．

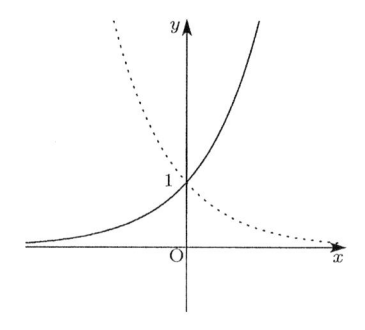

図 **7.4** 解答 2.21 (2)，解答 2.22 (2)

解答 2.22 (1)

x	-3	-2	-1	0	1	2	3
$(1/3)^x$	27	9	3	1	$\frac{1}{3}$	$\frac{1}{9}$	$\frac{1}{27}$

(2) 図 7.4 の点線. (3) 前問の表と比べてもわかるように, y 軸を中心として左右対称です. 正確にいえば, $y = 3^x$ の $x = p$ での値は $y = (1/3)^x$ のグラフの $x = -p$ のときの値と同じです. というのも $(1/3)^{-p} = 3^p$ だからです.

解答と説明（第 3 章）

解答 3.1 $y = \log_{10} x$ ということと $x = 10^y$ であることが同じであることを忘れてはなりません. 慣れないと (4) が少し難しいかもしれません. (1) $10^3 = 1000$. (2) $\log_{10} 1000 = 3$. (3) $10^4 = 10000$. (4) $\log_{10} 0.001 = -3$. (5) $10^{-2} = 0.01$. (6) $\log_{10} 0.1 = -1$.

解答 3.2 (1) pH は pH $= -\log_{10}[\text{H}^+]$ で定義される数値ですから, たとえば pH が 3 なら, $3 = -\log_{10}[\text{H}^+]$ より $[\text{H}^+] = 10^{-3}$ となります. ほかも同様です. よって表は次のようになります.

pH	3	4	5	6	7	8	9	10	11
モル濃度	10^{-3}	10^{-4}	10^{-5}	10^{-6}	10^{-7}	10^{-8}	10^{-9}	10^{-10}	10^{-11}

(2) pH が 1 違うと水素イオン濃度は 10 倍違います. 詳しくいうと, pH が 1 増えると水素イオン濃度は 10 分の 1 になり, pH が 1 減ると水素イオン濃度は 10 倍になります. (3) 塩酸と水酸化ナトリウムの水素イオン濃度はそれぞれ 10^{-3}, 10^{-11} ですから, $\dfrac{10^{-3}}{10^{-11}} = 10^8$ 倍です. これは 1 億倍です. (4) 10^{-11} を 1cm にするのですから, $\dfrac{1}{10^{-11}} = \dfrac{x}{10^{-3}}$ より, $x = \dfrac{10^{-3}}{10^{-11}} = 10^8$ (1億) cm, すなわち 100000000cm=1000km にもなります. (これではとても棒グラフを描くことができません.)

解答 3.3 $\log_{10} x = a$, $\log_{10} y = b$ とおくと $x = 10^a$, $y = 10^b$ ですから, $x/y = 10^a/10^b = 10^{a-b}$ です. したがって $a - b = \log_{10}(x/y)$, すなわち $\log_{10}(x/y) = \log_{10} x - \log_{10} y$ となります.

解答 3.4 (1) 対数法則を用いれば, $\log_{10} \frac{1}{x} = \log_{10} 1 - \log_{10} x = 0 - \log_{10} x = -\log_{10} x$. (2) 本文最後の公式 $\log_{10} x^p = p \log_{10} x$ は p が負でも成り立ちますが, それを $p = -2$ のときに説明するのが出題の意図です. p が正のとき公式は既知としましょう. そうすると $\log_{10} x^{-2} = \log_{10} \frac{1}{x^2} = -\log_{10} x^2 = -2\log_{10} x$ となります.

解答 3.5 いずれも指数部分を log の前に出すだけです. (1) $\log_{10} x^{2/3} = \frac{2}{3} \log_{10} x = \frac{2}{3}a$. (2) $\log_{10} \sqrt{x} = \log_{10} x^{1/2} = \frac{1}{2} \log_{10} x = \frac{1}{2}a$. (3) $\log_{10} \sqrt[3]{x} = \log_{10} x^{1/3} = \frac{1}{3} \log_{10} x = \frac{1}{3}a$. (4) $\log_{10} \sqrt[n]{x^m} = \log_{10} x^{m/n} = \frac{m}{n} \log_{10} x = \frac{m}{n}a$.

解答 3.6 pH は対数計算で求められますから, 普通の平均を計算する方法で平均値

を求めてはいけません．pH の平均値を求めるには，まず各採取雨量毎の pH 値から水素イオンの量を求め，それらを加えて得られる水素イオンの総量を総降水量で割って平均水素イオン濃度を求めます．その常用対数をとって全体の平均的な pH を求めます．

解答 3.7 ここでは対数法則を用いて分解してゆきます．(1) $3\log_{10}3 - \log_{10}15 - \log_{10}9 = 3\log_{10}3 - (\log_{10}3 + \log_{10}5) - 2\log_{10}3 = -\log_{10}5$. (2) $3\log_{10}\sqrt{2} + \frac{1}{2}\log_{10}\frac{1}{3} - \frac{3}{2}\log_{10}6 = \frac{3}{2}\log_{10}2 - \frac{1}{2}\log_{10}3 - \frac{3}{2}(\log_{10}2 + \log_{10}3) = -2\log_{10}3$.

解答 3.8 指数法則や対数法則を使って分解してゆく問題です．(1) $\log_{10}xy^2 = \log_{10}x + \log_{10}y^2 = a + 2b$. (2) $\log_{10}\sqrt{xy^3} = \log_{10}(xy^3)^{1/2} = \log_{10}x^{1/2}y^{3/2} = \log_{10}x^{1/2} + \log_{10}y^{3/2} = \frac{1}{2}a + \frac{3}{2}b$. (3) $\log_{10}\sqrt[3]{x^2y^4} = \log_{10}(x^2y^4)^{1/3} = \log_{10}x^{2/3}y^{4/3} = \log_{10}x^{2/3} + \log_{10}y^{4/3} = \frac{2}{3}a + \frac{4}{3}b$. (4) $\log_{10}\dfrac{x^3}{y^2} = \log_{10}x^3 - \log_{10}y^2 = 3a - 2b$. (5) $\log_{10}\dfrac{1}{xy} = -\log_{10}xy = -(\log_{10}x + \log_{10}y) = -a - b$.

解答 3.9 本文の例 3.6 で求めた式に代入しましょう．そうすると $L = 10\log_{10}(10^8 + 10^7) = 10\log_{10}\{10^7(10+1)\} = 70 + 10\log_{10}11 \fallingdotseq 70 + 10 \times 1.04 = 80.4$dB．

解答 3.10 例 3.6 で $L_1 = L_2$ の場合にあたりますから，合成された音圧レベルは $10\log_{10}(10^{L_1/10} + 10^{L_2/10}) = 10\log_{10}(2 \cdot 10^{L_1/10}) = 10\log_{10}10^{L_1/10} + 10\log_{10}2 = L_1 + 10\log_{10}2$ となります．ここで $\log_{10}2 \fallingdotseq 0.3010$ ですから $L \fallingdotseq L_1 + 3.01$ です．つまり同じ音圧レベルの騒音源が 2 個になると音圧レベルは 3dB 上昇します．

解答 3.11 単に $\log$ と書いたら $\log_e$ のことです．(1) $\log e = 1$. (2) $\log e^2 = 2\log e = 2$. (3) $\log\sqrt{e} = \log e^{1/2} = \frac{1}{2}\log e = \frac{1}{2}$. (4) $\log e^{2/3} = \frac{2}{3}\log e = \frac{2}{3}$. (5) $\log e^{-1} = -1\log e = -1$. (6) $\log e^{-2} = -2\log e = -2$. (7) $\log(1/\sqrt{e}) = -\log\sqrt{e} = -\log e^{1/2} = -\frac{1}{2}\log e = -\frac{1}{2}$. (8) $\log e^{-2/3} = -\frac{2}{3}\log e = -\frac{2}{3}$.

解答 3.12 (1) 一般の対数の定義をよく思い出してください．$\log_2 2 = 1$. (2) $\log_2 4 = \log_2 2^2 = 2\log_2 2 = 2$. (3) $\log_2 8 = \log_2 2^3 = 3\log_2 2 = 3$. (4) $\log_2 16 = \log_2 2^4 = 4\log_2 2 = 4$. (5) $\log_3 81 = \log_3 3^4 = 4\log_3 3 = 4$. (6) $\log_3 1/9 = -\log_3 9 = -\log_3 3^2 = -2\log_3 3 = -2$. (7) $\log_4 2 = \log_4 4^{1/2} = \frac{1}{2}\log_4 4 = \frac{1}{2}$. これは $2 = \sqrt{4}$ に気づかないと少し難しいかもしれません．底を 2 に変えて $\log_4 2 = \dfrac{\log_2 2}{\log_2 4} = \dfrac{1}{\log_2 2^2} = \dfrac{1}{2\log_2 2} = \dfrac{1}{2}$ としても計算できます．(8) $\log_4 1 = 0$.

解答 3.13 公式を用いて底を変換したあとで，計算できるところは計算しておきましょう．(1) $\log_8 3 = \dfrac{\log_2 3}{\log_2 8} = \dfrac{\log_2 3}{\log_2 2^3} = \dfrac{\log_2 3}{3\log_2 2} = \dfrac{1}{3}\log_2 3$. (2) $\log_2 3 = \dfrac{\log_4 3}{\log_4 2} = \dfrac{\log_4 3}{\log_4 4^{1/2}} = \dfrac{\log_4 3}{\frac{1}{2}\log_4 4} = 2\log_4 3$. (3) $\log_{10}2 = \dfrac{\log_2 2}{\log_2 10} = \dfrac{1}{\log_2 2 + \log_2 5} =$

$\frac{1}{1+\log_2 5}$. (4) $\log_3 4 = \frac{\log_e 4}{\log_e 3} = \frac{2\log 2}{\log 3}$.

解答 3.14 底が異なる対数の計算は底をそろえることをまず考えます．(1) $\log_2 3 \cdot \log_3 2 = \log_2 3 \times \frac{\log_2 2}{\log_2 3} = \log_2 2 = 1$. ここでは底を 2 にそろえましたが，3 にそろえても 1 になります．実は 2 でも 3 でもない他の底にそろえてもやはり 1 となります．(2) $\log_2 3 \cdot \log_3 4 \cdot \log_4 2 = \log_2 3 \times \frac{\log_2 4}{\log_2 3} \times \frac{\log_2 2}{\log_2 4} = \log_2 2 = 1$. これも底をどんな値にそろえても同じ結果となります．

解答 3.15 100 種が均等に出現するので，それぞれの種の頻度はすべて 1/100 です．したがって多様度は $H = -\sum_{i=1}^{100} \frac{1}{100} \log_2 \frac{1}{100} = \log_2 100 = \frac{\log_{10} 100}{\log_{10} 2} = \frac{2}{0.3010} \fallingdotseq 6.645$ となります．これは例 3.9 で求めた値のちょうど 2 倍です．

解答 3.16 (1) 1.00 から 9.99 までの常用対数の値は対数表を見ればすぐにわかります．$\log_{10} 2.46 = 0.3909$. (2) $89100 = 8.91 \times 10^4$ より $\log_{10} 89100$ の指標は 4，仮数は対数表より 0.9499 ですから，$\log_{10} 89100 = 4.9499$. (3) $0.00567 = 5.67 \times 10^{-3}$ より $\log_{10} 0.00567$ の指標は $\overline{3}$，仮数は対数表より 0.7536 ですから，$\log_{10} 0.00567 = \overline{3}.7536 = -3 + 0.7536 = -2.2464$.

解答 3.17 対数表を使うために $\log 2$ の底を 10 に変換すると $\log 2 = \frac{\log_{10} 2}{\log_{10} e}$. $\log_{10} 2 = 0.3010$, $\log_{10} e \fallingdotseq \log_{10} 2.72 = 0.4346$ ですから，$\log 2 = \frac{0.3010}{0.4346} \fallingdotseq 0.6926$. 52 ページ，53 ページの対数表は簡単なものですから，あまり正確な値は求まりません．$\log 2$ の正確な値は $\log 2 = 0.6931 \cdots$ です．

解答と説明（第 4 章）

解答 4.1 たとえば $z = \frac{1}{10}$ のときは，$(1 + \frac{1}{10})^{10} = (\frac{11}{10})^{10} = 1.1^{10}$ を計算します．

z	$(1+z)^{1/z}$	z	$(1+z)^{1/z}$	z	$(1+z)^{1/z}$	z	$(1+z)^{1/z}$
1/10	2.5937	1/20	2.6533	1/30	2.6743	1/40	2.6851
1/50	2.6916	1/60	2.6960	1/70	2.6991	1/80	2.7015

解答 4.2 (1) 導関数の定義にそって計算するだけです（1.1 節 B の 3 乗の展開公式を思い出してください）．$f'(x) = \lim_{h \to 0} \frac{(x+h)^3 - x^3}{h} = \lim_{h \to 0} \frac{3x^2 h + 3xh^2 + h^3}{h} = \lim_{h \to 0} (3x^2 + 3xh + h^2) = 3x^2$. (2) これも導関数の定義にそって計算するだけです．$x^2 + 1$ の 1 はすぐに消えてしまいます．$y' = \lim_{h \to 0} \frac{((x+h)^2 + 1) - (x^2 + 1)}{h} = \lim_{h \to 0} \frac{2xh + h^2}{h} = \lim_{h \to 0} (2x + h) = 2x$.

解答 4.3 (1) $(x^4)' = 4x^3$. (2) $(x^{2/3})' = \frac{2}{3}x^{-1/3}$. 指数がもともと分数で与えられていますから，答も分数のままにしておきました．(3) 指数が負の場合も計算の仕方は同じです．$(x^{-4}) = -4x^{-5}$. (4) 公式の使える形に変形してから微分します．$\left(\dfrac{1}{x^2}\right)' = (x^{-2})' = -2x^{-3} = \dfrac{2}{x^3}$. ここでは答を問題と同じような形にしましたが，$-2x^{-3}$ のままでもかまいません．(5) $(-1)' = 0$. 定数関数の導関数は 0 でした．

解答 4.4 (1) 定数倍は最後にかければよいのでした．$(3x^4) = 3(x^4)' = 3 \cdot 4x^3 = 12x^3$. (2) $\left(-\dfrac{2}{x}\right)' = (-2x^{-1})' = -2(x^{-1})' = -2 \times (-1)x^{-2} = \dfrac{2}{x^2}$. (3) $\left(\dfrac{2}{\sqrt{x}}\right)' = 2(x^{-1/2})' = 2 \times \left(-\dfrac{1}{2}\right)x^{-3/2} = -\dfrac{1}{x\sqrt{x}}$. (4) $\left(\dfrac{1}{3}x^3\right)' = \dfrac{1}{3}(x^3)' = \dfrac{1}{3} \times 3x^2 = x^2$.

解答 4.5 ここでは解答を丁寧に書きますが，慣れてくれば暗算でできるようになります．(1) $(4x+6)' = (4x)' + (6)' = 4(x)' + 0 = 4$. (2) $(x^4 - x)' = (x^4)' - (x)' = 4x^3 - 1$. (3) $(-2x^3 - 3x^2 - 4x + 6)' = (-2x^3)' - (3x^2)' - (4x)' + (6)' = -2(x^3)' - 3(x^2)' - 4(x)' + 0 = -6x^2 - 6x - 4$. (4) $\left(2\sqrt{x} - \dfrac{1}{2\sqrt{x}}\right)' = (2x^{1/2})' - \left(\dfrac{1}{2}x^{-1/2}\right)' = 2(x^{1/2})' - \dfrac{1}{2}(x^{-1/2})' = x^{-1/2} + \dfrac{1}{4}x^{-3/2} = \dfrac{1}{\sqrt{x}} + \dfrac{1}{4x\sqrt{x}}$.

解答 4.6 (1) 展開してから微分しても計算できますが，積の形の関数を微分するのが問題の趣旨です．$\{(x^3+1)(x^2+x-1)\}' = (x^3+1)'(x^2+x-1) + (x^3+1)(x^2+x-1)' = 3x^2(x^2+x-1) + (x^3+1)(2x+1)$. (2) $(e^x)' = e^x$ を思い出してください．$(xe^x)' = (x)'e^x + x(e^x)' = e^x + xe^x$. (3) 分数の形の関数の微分です．$\left(\dfrac{x}{x^2+1}\right)' = \dfrac{(x)'(x^2+1) - x(x^2+1)'}{(x^2+1)^2} = \dfrac{x^2+1 - x \times 2x}{(x^2+1)^2} = \dfrac{-x^2+1}{(x^2+1)^2}$. (4) $\left(\dfrac{x}{e^x}\right)' = \dfrac{(x)'e^x - x(e^x)'}{e^{2x}} = \dfrac{e^x - xe^x}{e^{2x}} = \dfrac{1-x}{e^x}$. $(e^x)^2 = e^{2x}$ です．また最後の等式は e^x を通分したものです．

解答 4.7 (1) $f'(x) = 3x^2 - 6x = 3x(x-2)$ より $f'(x) = 0$ となるのは $x = 0, 2$ のときだけです．$f(0) = 1$, $f(2) = 8 - 12 + 1 = -3$ で，増減表は

x	$\cdots$	0	$\cdots$	2	$\cdots$
y'		+	0	−	0	+
y	↗	1	↘	−3	↗

となります．よってグラフは図 7.5 の左のようになります．

(2) $f'(x) = 4x^3 - 8x = 4x(x^2 - 2) = 4x(x+\sqrt{2})(x-\sqrt{2})$ より $f'(x) = 0$ となるのは $x = 0, -\sqrt{2}, \sqrt{2}$ のときだけです．$f(0) = 3$, $f(-\sqrt{2}) = f(\sqrt{2}) = 4 - 8 + 3 = -1$ で，増減表は

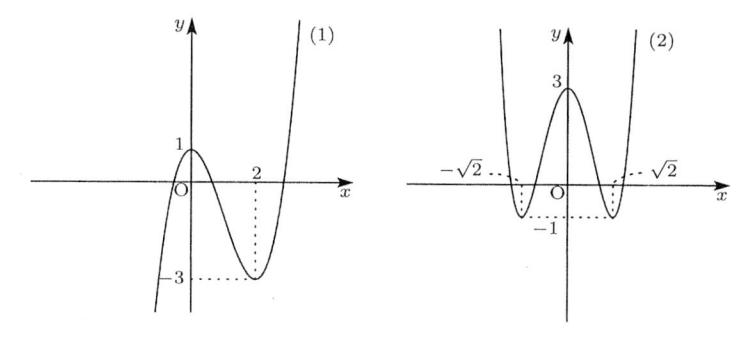

図 7.5　解答 4.7

x	$\cdots$	$-\sqrt{2}$	$\cdots$	0	$\cdots$	$\sqrt{2}$	$\cdots$
y'	$-$	0	$+$	0	$-$	0	$+$
y	$\searrow$	-1	$\nearrow$	3	$\searrow$	-1	$\nearrow$

となります．よってグラフは図 7.5 の右のようになります．

解答 4.8　$f'(x) = x^3 + 3x^2 = x^2(x+3)$ より $f'(x) = 0$ となるのは $x = -3, 0$ のときだけです．また $f''(x) = 3x^2 + 6x = 3x(x+2)$ より $f''(x) = 0$ となるのは $x = -2, 0$ のときだけです．$f(-3) = \frac{81}{4} - 27 = -\frac{27}{4}$, $f(-2) = 4 - 8 = -4$, $f(0) = 0$ で，増減表は

x	$\cdots$	-3	$\cdots$	-2	$\cdots$	0	$\cdots$
y'	$-$	0	$+$		$+$	0	$+$
y''		$+$		0	$-$	0	$+$
y	$\searrow$	$-\frac{27}{4}$	$\nearrow$	-4	$\nearrow$	0	$\nearrow$
		下に凸		上に凸		下に凸	

となります．よってグラフは図 7.6 のようになります．極値は $x = -3$ のときの極小値 $-\frac{27}{4}$ のみです．点 $(-2, -4)$, $(0, 0)$ は変曲点です．なお点 $(0, 0)$ での接線の傾きは 0 ですが，点 $(-2, -4)$ での接線の傾きは 4 です．

解答 4.9　(1) $y = (x^3 + x)^4$ は $y = u^4$, $u = x^3 + x$ を合成して得られますから，$y' = (u^4)'(x^3 + x)' = 4u^3(3x^2 + 1) = 4(x^3 + x)^3(3x^2 + 1)$．なお $(u^4)'$ は u での微分を表すことに注意してください．(2) $y = \sqrt{x^4 + x^2}$ は $y = \sqrt{u}$, $u = x^4 + x^2$ を合成して得られますから，$y' = (\sqrt{u})'(x^4 + x^2)' = \frac{1}{2}u^{-1/2}(4x^3 + 2x) = \frac{4x^3 + 2x}{2\sqrt{x^4 + x^2}}$．(3) $y = e^{2x}$

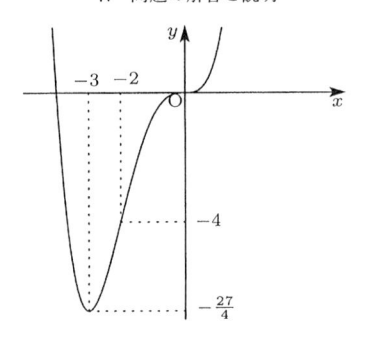

図 7.6　解答 4.8

は $y = e^u$, $u = 2x$ を合成して得られますから, $y' = (e^u)'(2x)' = e^u \times 2 = 2e^{2x}$. (4) $y = e^{x^2-1}$ は $y = e^u$, $u = x^2 - 1$ を合成して得られますから, $y' = (e^u)'(x^2-1)' = e^u \times 2x = 2xe^{x^2-1}$. (5) $y = \log(x+1)$ は $y = \log u$, $u = x+1$ を合成して得られますから, $y' = (\log u)'(x+1)' = \dfrac{1}{u} \times 1 = \dfrac{1}{x+1}$. (6) $y = \log(x^2+1)$ は $y = \log u$, $u = x^2+1$ を合成して得られますから, $y' = (\log u)'(x^2+1)' = \dfrac{1}{u} \times 2x = \dfrac{2x}{x^2+1}$. (7) $y = \log(x^2+x+1)$ は $y = \log u$, $u = x^2+x+1$ を合成して得られますから, $y' = (\log u)'(x^2+x+1)' = \dfrac{1}{u}(2x+1) = \dfrac{2x+1}{x^2+x+1}$.

解答 4.10　$t = \dfrac{1}{\lambda} \log \dfrac{R(0)}{R(t)}$ において, $\lambda = 1.245 \times 10^{-4}$, $R(0) = 6.68$, $R(t) = 0.97$ とすると $t = \dfrac{1}{1.245 \times 10^{-4}} \log \dfrac{6.68}{0.97} \fallingdotseq 0.8032 \times 10^4 \times \log 6.887 = 0.8032 \times 1.930 \times 10^4 \fallingdotseq 15501.8$ であるから, 今から大体 15000 年から 16000 年前. 下の位の 1.8 年や測定時から現在までの約 50 年はこの場合無視して, 大体 1 万 5, 6 千年前とします.

解答 4.11　(1) $y = 2^x$ の対数をとると $\log y = x \log 2$. したがって $\dfrac{y'}{y} = \log 2$ より $y' = y \log 2 = 2^x \log 2$. (2) $y = x^x$ の対数をとると $\log y = x \log x$. したがって $\dfrac{y'}{y} = 1 \times \log x + x \times \dfrac{1}{x} = \log x + 1$ より $y' = y(\log x + 1) = x^x(\log x + 1)$. (3) $y = \dfrac{(x+1)^3}{(x+2)^4}$ の対数をとると $\log y = 3\log(x+1) - 4\log(x+2)$. したがって $\dfrac{y'}{y} = \dfrac{3}{x+1} - \dfrac{4}{x+2} = \dfrac{-x+2}{(x+1)(x+2)}$ より $y' = y\dfrac{-x+2}{(x+1)(x+2)} = \dfrac{(x+1)^3}{(x+2)^4} \dfrac{-x+2}{(x+1)(x+2)} = \dfrac{(x+1)^2(-x+2)}{(x+2)^5}$. (4) $y = \dfrac{(x+1)^3}{(x^2+x)^4}$ の対数をとると $\log y = 3\log(x+1) - 4\log(x^2+x)$. したがって $\dfrac{y'}{y} = \dfrac{3}{x+1} - \dfrac{4(2x+1)}{x^2+x} = \dfrac{-5x-4}{x^2+x}$ より $y' = y\dfrac{-5x-4}{x^2+x} = \dfrac{(x+1)^3}{(x^2+x)^4}\dfrac{-5x-4}{x^2+x} = \dfrac{-5x-4}{x^5(x+1)^2}$. (3) と (4) は直接分数

の形の関数として微分しても計算できますが，ここでは対数微分法の練習として解きました．

解答 4.12

$G = \frac{I}{3}\exp(1-\frac{I}{3})$ を微分すると，$G' = (\frac{I}{3})'\exp(1-\frac{I}{3}) + \frac{I}{3}\{\exp(1-\frac{I}{3})\}' = \frac{1}{3}\exp(1-\frac{I}{3}) + \frac{I}{3}\exp(1-\frac{I}{3})(-\frac{1}{3}) = (\frac{1}{3} - \frac{I}{9})\exp(1-\frac{I}{3}) = \frac{3-I}{9}\exp(1-\frac{I}{3})$. ここで $\{\exp(1-\frac{I}{3})\}'$ の計算には合成関数の微分法を用いました．すなわち，$y = \exp(1-\frac{I}{3})$ は $y = e^u$, $u = 1 - \frac{I}{3}$ を合成したものと見ることができますから，$y' = (e^u)'(1-\frac{I}{3})' = e^u(-\frac{1}{3}) = \exp(1-\frac{I}{3}) \times (-\frac{1}{3})$ です．つぎに $G'' = (\frac{3-I}{9})'\exp(1-\frac{I}{3}) + \frac{3-I}{9}\{\exp(1-\frac{I}{3})\}' = -\frac{1}{9}\exp(1-\frac{I}{3}) + \frac{3-I}{9}\exp(1-\frac{I}{3})(-\frac{1}{3}) = (-\frac{1}{9} - \frac{3-I}{27})\exp(1-\frac{I}{3}) = \frac{I-6}{27}\exp(1-\frac{I}{3})$.

解答 4.13 まず合成関数の微分法を用いると，

$$p'(x) = \frac{1}{\sqrt{2\pi\sigma^2}}\exp\left(-\frac{(x-a)^2}{2\sigma^2}\right) \times \left(-\frac{(x-a)^2}{2\sigma^2}\right)'$$
$$= \frac{1}{\sqrt{2\pi\sigma^2}}\exp\left(-\frac{(x-a)^2}{2\sigma^2}\right)\left(-\frac{2(x-a)}{2\sigma^2}\right)$$
$$= \frac{1}{\sqrt{2\pi\sigma^2}}\exp\left(-\frac{(x-a)^2}{2\sigma^2}\right)\left(-\frac{(x-a)}{\sigma^2}\right).$$

ここで $\frac{1}{\sqrt{2\pi\sigma^2}}$ も $\exp\left(-\frac{(x-a)^2}{2\sigma^2}\right)$ も正ですから，$p'(x) = 0$ となるのは $x = a$ のときだけです．そして $x < a$ なら $p'(x) > 0$, $x > a$ なら $p'(x) < 0$ です．

つぎに

$$p''(x) = \frac{1}{\sqrt{2\pi\sigma^2}}\left\{\left(\exp\left(-\frac{(x-a)^2}{2\sigma^2}\right)\right)'\left(-\frac{(x-a)}{\sigma^2}\right)\right.$$
$$\left. + \exp\left(-\frac{(x-a)^2}{2\sigma^2}\right)\left(-\frac{(x-a)}{\sigma^2}\right)'\right\}$$
$$= \frac{1}{\sqrt{2\pi\sigma^2}}\left\{\exp\left(-\frac{(x-a)^2}{2\sigma^2}\right)\left(-\frac{(x-a)}{\sigma^2}\right)^2 + \exp\left(-\frac{(x-a)^2}{2\sigma^2}\right)\left(-\frac{1}{\sigma^2}\right)\right\}$$
$$= \frac{1}{\sqrt{2\pi\sigma^2}}\exp\left(-\frac{(x-a)^2}{2\sigma^2}\right)\left\{\frac{(x-a)^2}{\sigma^4} - \frac{1}{\sigma^2}\right\}$$
$$= \frac{1}{\sqrt{2\pi\sigma^2}}\exp\left(-\frac{(x-a)^2}{2\sigma^2}\right)\frac{(x-a)^2 - \sigma^2}{\sigma^4}$$
$$= \frac{1}{\sqrt{2\pi\sigma^2}}\exp\left(-\frac{(x-a)^2}{2\sigma^2}\right)\frac{(x-a+\sigma)(x-a-\sigma)}{\sigma^4}$$

したがって $p''(x) = 0$ となるのは $x = a - \sigma, a + \sigma$ のときだけです．そして

$a - \sigma < x < a + \sigma$ のとき $p''(x) < 0$, そのほかのとき $p''(x) > 0$ です.
$p(a) = \dfrac{1}{\sqrt{2\pi\sigma^2}}$, $p(a + \sigma) = p(a - \sigma) = \dfrac{1}{\sqrt{2\pi\sigma^2}} e^{-1/2} = \dfrac{1}{\sqrt{2\pi\sigma^2 e}}$ ですから, 増減表は

x	$\cdots$	$a - \sigma$	$\cdots$	a	$\cdots$	$a + \sigma$	$\cdots$
y'			+	0	−		
y''	+	0	−		−	0	+
y	↗	$\dfrac{1}{\sqrt{2\pi\sigma^2 e}}$	↗	$\dfrac{1}{\sqrt{2\pi\sigma^2}}$	↘	$\dfrac{1}{\sqrt{2\pi\sigma^2 e}}$	↘
	下に凸		上に凸			下に凸	

となります. また $p(x)$ はつねに正ですが, x が無限に大きくなると $\exp\left(-\dfrac{(x-a)^2}{2\sigma^2}\right)$ がどんどん 0 に近づきますから $p(x)$ も 0 に近づきます. x が無限に小さくなるときも同じです. よってグラフはつぎのようになります.

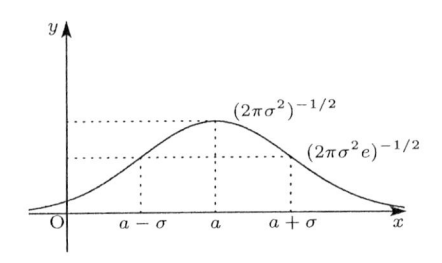

図 7.7 解答 4.13

解答と説明（第 5 章）

解答 5.1 問題 (5) からあとは積分変数が x でないことに注意してください. 微分法の公式を思い出して原始関数を予想します. (1) $\int dx = x + C$. (2) $\int 2x\,dx = x^2 + C$. (3) $\int x^3\,dx = \dfrac{1}{4}x^4 + C$. (4) $\int (-0.2)\,dx = -0.2x + C$. (5) $\int t\,dt = \dfrac{1}{2}t^2 + C$. (6) $\int 3t^2\,dt = t^3 + C$. (7) $\int dy = y + C$. (8) $\int 3y^2\,dy = y^3 + C$.

解答 5.2 (1) $\int (3x^2 - 2x)\,dx = \int 3x^2\,dx - \int 2x\,dx = x^3 - x^2 + C$. (2) 根号が

ついている関数を積分するときは，指数表示になおすのが簡単です．$\int 3\sqrt{x}\,dx = 3\int x^{1/2}\,dx = 3\cdot\dfrac{1}{3/2}x^{3/2} + C = 2x\sqrt{x} + C.$ (3) 積分変数が t になっていることに注意してください．$\int(6t^5+1)\,dt = \int 6t^5\,dt + \int dt = t^6 + t + C.$
(4) $\int(t^3+t^2-1)\,dt = \int t^3\,dt + \int t^2\,dt - \int dt = \dfrac{1}{4}t^4 + \dfrac{1}{3}t^3 - t + C.$ (5) まず被積分関数の $\dfrac{3}{(3-x)x}$ を $\dfrac{A}{3-x} + \dfrac{B}{x}$ (A, B は定数) の形に変形します．$\dfrac{3}{(3-x)x} = \dfrac{A}{3-x} + \dfrac{B}{x} = \dfrac{(A-B)x+3B}{(3-x)x}$ ですから，$A-B=0$, $3B=3$ となるように A, B を決めればよいことがわかります．したがって $B=1$, $A=1$ です．よって $\dfrac{3}{(3-x)x} = \dfrac{1}{3-x} + \dfrac{1}{x}$ であることがわかりました．このような変形を**部分分数分解**といいます．このとき，$\int\dfrac{3}{(3-x)x}\,dx = \int\left\{\dfrac{1}{3-x} + \dfrac{1}{x}\right\}dx = \int\dfrac{1}{3-x}\,dx + \int\dfrac{1}{x}\,dx = -\log|3-x| + \log|x| + C$ となります．コラム 6 (102 ページ) も参照してください．(6) 問題 (5) と同様，部分分数に分解します．$\dfrac{3}{(3+p)(3-p)p} = \dfrac{A}{3+p} + \dfrac{B}{3-p} + \dfrac{C}{p}$ となるように定数 A, B, C をまず求めます．右辺を通分すると

$$\dfrac{A}{3+p} + \dfrac{B}{3-p} + \dfrac{C}{p} = \dfrac{A(3-p)p + B(3+p)p + C(3+p)(3-p)}{(3+p)(3-p)p}$$
$$= \dfrac{(-A+B-C)p^2 + (3A+3B)p + 9C}{(3+p)(3-p)p}$$

ですから，$-A+B-C=0$, $3A+3B=0$, $9C=3$ であればよいことがわかります．$C=\dfrac{1}{3}$ ですから $-A+B=\dfrac{1}{3}$ と $A+B=0$ より $2B=\dfrac{1}{3}$, すなわち $B=\dfrac{1}{6}$ です．したがって $A=-\dfrac{1}{6}$ となります．以上より，$\dfrac{3}{(3+p)(3-p)p} = -\dfrac{1}{6(3+p)} + \dfrac{1}{6(3-p)} + \dfrac{C}{3p}$ であることがわかりました．よって $\int\dfrac{3}{(3+p)(3-p)p}\,dp = -\dfrac{1}{6}\int\dfrac{1}{3+p}\,dp + \dfrac{1}{6}\int\dfrac{1}{3-p}\,dp + \dfrac{1}{3}\int\dfrac{1}{p}\,dp = -\dfrac{1}{6}\log|3+p| - \dfrac{1}{6}\log|3-p| + \dfrac{1}{3}|p| + C.$

解答 5.3 (1) $\int_1^3 4x\,dx = \left[2x^2\right]_1^3 = 2\times 9 - 2\times 1 = 16.$ (2) $\int_0^3 x^2\,dx = \left[\dfrac{1}{3}x^3\right]_0^3 = 9.$ (3) $\int_0^1 e^x\,dx = [e^x]_0^1 = e - 1.$ (4) $\int_1^3 \dfrac{1}{x}\,dx = [\log|x|]_1^3 = \log 3 - \log 1 = \log 3.$ (5) $\int_2^3 (3x^2+2x)\,dx = \left[x^3\right]_2^3 + \left[x^2\right]_2^3 = (27-8) + (9-4) = 24.$

解答 5.4 (1) 二つの積分を一つにまとめることができます．$\int_{-1}^2 x^2\,dx + \int_2^3 x^2\,dx =$

$\int_{-1}^{3} x^2\, dx = \left[\frac{1}{3}x^3\right]_{-1}^{3} = 9 - \left(-\frac{1}{3}\right) = \frac{28}{3}$. (2) 上端と下端を見れば，積分の値を計算しなくても答がわかります．$\int_{-1}^{3} x^2\, dx + \int_{3}^{-1} x^2\, dx = \int_{-1}^{3} x^2\, dx - \int_{-1}^{3} x^2\, dx = 0$.

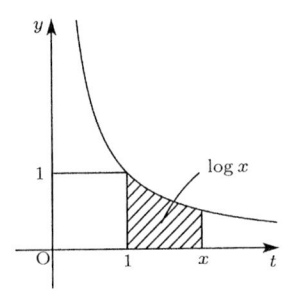

解答 5.5 本文の $y = x^2$ のところを $y = \frac{1}{x}$ にして，本文と同じように議論すると，$S = \int_{1}^{3} \frac{1}{x}\, dx$ であることがわかります．ここで $1 \leqq x \leqq 3$ のとき $\frac{1}{x} \geqq 0$ であることに注意しましょう．$\int_{1}^{3} \frac{1}{x}\, dx = [\log x]_{1}^{3} = \log 3 - \log 1 = \log 3$. 一般に，$x \geqq 1$ のとき $\int_{1}^{x} \frac{1}{t}\, dt = \log x$ が成り立ちます．この左辺を $\log x$ の定義とすることもできます（図 7.8）．

図 **7.8** 解答 5.5（参考図）

解答 5.6 積分する範囲のうち，関数の値が負になる範囲をしっかり見極めることが大事です．(1) $-1 \leqq x \leqq 1$ のとき $-x^2 \leqq 0$ ですから，$S = \int_{-1}^{1} \{-(-x^2)\}\, dx = \int_{-1}^{1} x^2\, dx = \left[\frac{1}{3}x^3\right]_{-1}^{1} = \frac{1}{3} - \left(-\frac{1}{3}\right) = \frac{2}{3}$. (2) $y = x^3 - x = x(x^2 - 1) = (x+1)x(x-1)$ ですから，$-1 \leqq x \leqq 0$ では $y \geqq 0$，$0 \leqq x \leqq 1$ では $y \leqq 0$ です．したがって $S = \int_{-1}^{0} (x^3 - x)\, dx + \int_{0}^{1} \{-(x^3 - x)\}\, dx = \left[\frac{1}{4}x^4\right]_{-1}^{0} - \left[\frac{1}{2}x^2\right]_{-1}^{0} - \left[\frac{1}{4}x^4\right]_{0}^{1} + \left[\frac{1}{2}x^2\right]_{0}^{1} = \left(0 - \frac{1}{4}\right) - \left(0 - \frac{1}{2}\right) - \left(\frac{1}{4} - 0\right) + \left(\frac{1}{2} - 0\right) = \frac{1}{2}$. ここでは積分をばらばらにして計算しています．

解答 5.7 (1) まず，$y = x^2 + 2x - 3$ と $y = -x^2 + 2x + 3$ の交点の x 座標を求めます．最初の式から二番目の式を辺ごとに引けば，$0 = 2x^2 - 6 = 2(x^2 - 3) = 2(x + \sqrt{3})(x - \sqrt{3})$ となりますから，$x = \pm\sqrt{3}$ です．$-\sqrt{3} < x < \sqrt{3}$ の範囲では，二番目の式のグラフが最初の式のグラフよりも上にあります（たと

えば x が $-\sqrt{3}$ と $\sqrt{3}$ の間の 0 のときを比較してみればわかります）．したがって求める面積は $\displaystyle\int_{-\sqrt{3}}^{\sqrt{3}}\{(-x^2+2x+3)-(x^2+2x-3)\}\,dx = \int_{-\sqrt{3}}^{\sqrt{3}}(-2x^2+6)\,dx = \left[-\dfrac{2}{3}x^3+6x\right]_{-\sqrt{3}}^{\sqrt{3}} = -\dfrac{2}{3}\left(3\sqrt{3}+3\sqrt{3}\right)+6\left(\sqrt{3}+\sqrt{3}\right) = 8\sqrt{3}$. ここでは $\left[-\dfrac{2}{3}x^3+6x\right]_{-\sqrt{3}}^{\sqrt{3}} = \left[-\dfrac{2}{3}x^3\right]_{-\sqrt{3}}^{\sqrt{3}} + [6x]_{-\sqrt{3}}^{\sqrt{3}} = -\dfrac{2}{3}\left[x^3\right]_{-\sqrt{3}}^{\sqrt{3}} + 6[x]_{-\sqrt{3}}^{\sqrt{3}}$ として計算しました．(2) $y=x^2$, $y=x+6$ の交点の x 座標は $x^2=x+6$, すなわち $x^2-x-6=0$, すなわち $(x+2)(x-3)=0$ より $x=-2, 3$ です．$-2<x<3$ の範囲では $y=x+6$ のグラフが $y=x^2$ のグラフよりも上にありますから（たとえば x が -2 と 3 の間の 0 のときを比較してみればわかります），求める面積は $\displaystyle\int_{-2}^{3}(x+6-x^2)\,dx = \left[\dfrac{1}{2}x^2+6x-\dfrac{1}{3}x^3\right]_{-2}^{3} = \dfrac{1}{2}(9-4)+6(3+2)-\dfrac{1}{3}(27+8) = \dfrac{125}{6}$. (3) $y=-x^2+4x$, $y=3x^2$ の交点の x 座標は $3x^2=-x^2+4x$, すなわち $4x^2-4x=4x(x-1)=0$ より $x=0, 1$. $0<x<1$ の範囲では $y=-x^2+4x$ のグラフが $y=3x^2$ のグラフよりも上にありますから（たとえば $x=1/2$ としてみればわかります），求める面積は $\displaystyle\int_{0}^{1}(-x^2+4x-3x^2)\,dx = \int_{0}^{1}(-4x^2+4x)\,dx = \left[-\dfrac{4}{3}x^3+2x^2\right]_{0}^{1} = -\dfrac{4}{3}+2 = \dfrac{2}{3}$.

解答 5.8 部分積分法の公式 $\displaystyle\int f'g = fg - \int fg'$ においては，g が微分されることに注目します．(1) $x'=1$ ですから $f=e^x$, $g=x$ と置いてみます．$\displaystyle\int xe^x\,dx = \int (e^x)'x\,dx = e^xx - \int e^x\cdot 1\,dx = xe^x - e^x + C$. (2) 部分積分を二度使います．プラス，マイナスの符号を間違えないようにしなくてはなりません．$\displaystyle\int x^2e^{-x}\,dx = \int (-e^{-x})'x^2\,dx = -e^{-x}x^2 + \int e^{-x}\cdot 2x\,dx = -x^2e^{-x} + 2\int (-e^{-x})'x\,dx = -x^2e^{-x} + 2\left(-e^{-x}x - \int (-e^{-x}\cdot 1)\,dx\right) = -x^2e^{-x} - 2xe^{-x} - 2e^{-x} + C$. (3) 問題 (1) のように $g=x$ と置きたくなりますが，$(\log x)' = 1/x$ に注目します．$\displaystyle\int x\log x\,dx = \int \left(\dfrac{1}{2}x^2\right)'\log x\,dx = \dfrac{1}{2}x^2\log x - \int \dfrac{1}{2}x^2\dfrac{1}{x}\,dx = \dfrac{1}{2}x^2\log x - \dfrac{1}{2}\int x\,dx = \dfrac{1}{2}x^2\log x - \dfrac{1}{4}x^2 + C$. (4) 問題 (3) と同様 $g=\log x$ と考えます．$\displaystyle\int \dfrac{\log x}{x}\,dx = \int (\log x)'\log x\,dx = (\log x)^2 - \int \log x\cdot \dfrac{1}{x}\,dx$. この右辺の最後の項は左辺と同じですから，左辺に移項すると，$2\displaystyle\int \dfrac{\log x}{x} = (\log x)^2 + C$ です．よって $\displaystyle\int \dfrac{\log x}{x} = \dfrac{1}{2}(\log x)^2 + C$ です．この右辺を微分すると $\dfrac{\log x}{x}$ になることは簡単にわ

かります．積分よりも微分の方が簡単なのです．

解答 5.9 (1) $2x-1=t$ とおくと $x=\dfrac{t}{2}+\dfrac{1}{2}$ ですから，$x'=\dfrac{1}{2}$. よって
$\displaystyle\int(2x-1)^4\,dx=\int t^2\cdot\dfrac{1}{2}\,dt=\dfrac{1}{6}t^3+C=\dfrac{1}{6}(2x-1)^3+C$. (2) $2x+1=t$ とおくと $x=\dfrac{t}{2}-\dfrac{1}{2}$ ですから，$x'=\dfrac{1}{2}$. よって $\displaystyle\int e^{2x+1}\,dx=\int e^t\cdot\dfrac{1}{2}\,dt=\dfrac{1}{2}e^t+C=\dfrac{1}{2}e^{2x+1}+C$. (3) $2x+3=t$ とおくと，$x=\dfrac{t}{2}-\dfrac{3}{2}$ ですから，$x'=\dfrac{1}{2}$. よって $\displaystyle\int\dfrac{1}{2x+3}\,dx=\int\dfrac{1}{t}\cdot\dfrac{1}{2}\,dt=\dfrac{1}{2}\log|t|+C=\dfrac{1}{2}\log|2x+3|+C$. (4) $x^2+1=t$ とおき，両辺を t で微分すると，$2xx'=1$. したがって $x'=\dfrac{1}{2x}$. よって $\displaystyle\int\dfrac{x}{x^2+1}\,dx=\int\dfrac{x}{t}\dfrac{1}{2x}\,dt=\dfrac{1}{2}\int\dfrac{1}{t}\,dt=\dfrac{1}{2}\log t+C=\dfrac{1}{2}\log(x^2+1)+C$. ここでは x を t の関数だと思って $x^2+1=t$ の両辺を t で微分しました．左辺の微分には合成関数の微分法を用いています．詳しくいうと次のようになります．$f(x)=x^2+1$ とし，$x^2+1=t$ を x について解いたものを $x=g(t)$ とすると，$f(g(t))=t$ です．この左辺を t で微分すると $f'(x)g'(t)=2x\cdot x'$，右辺を t で微分すると 1 となります．よって $2xx'=1$ です．$x^2+1=t$ から x を実際に解いてもよいのですが，ほしいのは x の具体的な形ではなくて x' だけですから，この解答のようにすれば十分です．(1) から (3) もこれと同じようにすることができます．

解答 5.10 どのくらい続ければ納得できるかは人によるのでしょうが，ここではあと二回だけ計算を続けてみます．

$$\int_a^x\left\{\dfrac{1}{2}(x-t)^2 f'''(t)\right\}dt=\int_a^x\left\{\left(-\dfrac{1}{3!}(x-t)^3\right)'f'''(t)\right\}dt$$

と考え（微分は t についての微分であることに注意してください），この右辺に部分積分の公式を使うと，右辺は

$$\left[-\dfrac{1}{3!}(x-t)^3 f'''(t)\right]_a^x+\int_a^x\left\{\dfrac{1}{3!}(x-t)^3 f^{(4)}(t)\right\}dt$$
$$=\dfrac{1}{3!}(x-a)^3 f'''(a)+\int_a^x\left\{\dfrac{1}{3!}(x-t)^3 f^{(4)}(t)\right\}dt$$

となります．したがって

$$f(x)-f(a)=f'(a)(x-a)+\dfrac{f''(a)}{2}(x-a)^2+\dfrac{f'''(a)}{3!}(x-a)^3$$
$$+\int_a^x\left\{\dfrac{1}{3!}(x-t)^3 f^{(4)}(t)\right\}dt$$

となります．同様に，

$$\int_a^x \left\{ \frac{1}{3!}(x-t)^3 f^{(4)}(t) \right\} dt = \int_a^x \left\{ \left(-\frac{1}{4!}(x-t)^4\right)' f^{(4)}(t) \right\} dt$$

と考え，この右辺に部分積分の公式を使うと，右辺は

$$\left[-\frac{1}{4!}(x-t)^4 f^{(4)}(t) \right]_a^x + \int_a^x \left\{ \frac{1}{4!}(x-t)^4 f^{(5)}(t) \right\} dt$$
$$= \frac{1}{4!}(x-a)^4 f^{(4)}(a) + \int_a^x \left\{ \frac{1}{4!}(x-t)^4 f^{(5)}(t) \right\} dt$$

となります．したがって

$$f(x) - f(a) = f'(a)(x-a) + \frac{f''(a)}{2}(x-a)^2 + \frac{f'''(a)}{3!}(x-a)^3$$
$$+ \frac{f^{(4)}(a)}{4!}(x-a)^4 + \int_a^x \left\{ \frac{1}{4!}(x-t)^4 f^{(5)}(t) \right\} dt$$

となります．

解答 5.11 ここでは最初の 6 項を計算してみましょう．$f(x) = \log(1+x)$ とおきます．まず $f(0) = \log 1 = 0$ です．マクローリンの公式の第 2 項目以下を求めるために，$f(x)$ を繰り返し微分すると，

$$f'(x) = (1+x)^{-1},$$
$$f''(x) = -(1+x)^{-2},$$
$$f'''(x) = 2(1+x)^{-3},$$
$$f^{(4)}(x) = -3!(1+x)^{-4},$$
$$f^{(5)}(x) = 4!(1+x)^{-5},$$

となります．したがって

$$f'(0) = 1, \quad f''(0) = -1, \quad f'''(0) = 2, \quad f^{(4)}(0) = -3!, \quad f^{(5)}(0) = 4!$$

です．これらをマクローリンの公式に入れると，

$$f(0) + f'(0)x + \frac{f''(0)}{2}x^2 + \frac{f'''(0)}{3!}x^3 + \frac{f^{(4)}(0)}{4!}x^4 + \frac{f^{(5)}(0)}{5!}x^5$$
$$= 0 + 1x + \frac{-1}{2}x^2 + \frac{2}{3!}x^3 + \frac{-3!}{4!}x^4 + \frac{4!}{5!}x^5$$
$$= x - \frac{1}{2}x^2 + \frac{1}{3}x^3 - \frac{1}{4}x^4 + \frac{1}{5}x^5$$

となります．

問題の解答としてはここまででよいのですが，参考までに一般の項を求めてみましょう．そのためにまず n 回目の導関数 $f^{(n)}(x)$ を求めます．$f^{(n)}(x)$ は頭にプラスかマイナスの符号がつきますが，n が偶数のときにマイナスがつき，n が奇数のときはプラスがつきます．このような符号は $(-1)^{n-1}$ をかけることによって表すことができます（n が偶数のとき $n-1$ は奇数ですから，$(-1)^{n-1} = -1$ となり，n が奇数なら $n-1$ は偶数ですから，$(-1)^{n-1} = 1$ となります．$n-1$ 乗のかわりに $n+1$ 乗した $(-1)^{n+1}$ をかけても同じです）．したがって，

$$f^{(n)}(x) = (-1)^{n-1}(n-1)!(1+x)^{-n}$$

となります．よって $f^{(n)}(0) = (-1)^{n-1}(n-1)!$ ですから，

$$\frac{f^{(n)}(0)}{n!}x^n = \frac{(-1)^{n-1}(n-1)!}{n!}x^n = (-1)^{n-1}\frac{1}{n}x^n$$

です．

したがって $f(x) = \log(1+x)$ にマクローリンの公式を適用すると

$$\log(1+x) = x - \frac{1}{2}x^2 + \frac{1}{3}x^3 - \frac{1}{4}x^4 + \cdots + (-1)^{n-1}\frac{1}{n}x^n$$
$$+ \int_0^x \left\{\frac{1}{n!}(x-t)^n f^{(n+1)}(t)\right\}dt$$

となります．

解答と説明（第 6 章）

解答 6.1 $y = e^{-x}(x+C)$ を $y'+y$ に代入すると，$y'+y = -e^{-x}(x+C) + e^{-x} + e^{-x}(x+C) = e^{-x}$ となります．この微分方程式の解き方は 6.10 節で学びます．

解答 6.2 (1) $\int y\,dy = \int x\,dx$ より $\frac{1}{2}y^2 = \frac{1}{2}x^2 + C$．したがって $y^2 = x^2 + 2C$．ここで $2C$ はすべての値をとることができますから，これを改めて C と書けば $y^2 = x^2 + C$ となります．微分方程式の解を求めるときはこのように y^2 を求めたところでやめてかまいません．(2) $\int e^y\,dy = \int x^2\,dy$ より $e^y = \frac{1}{3}x^3 + C$．したがって $y = \log\left(\frac{x^3}{3} + C\right)$．(3) $y \neq 0$ なら $\int \frac{1}{y}\,dy = \int k\,dx$ より $\log|y| = kx + C$．したがって $|y| = e^{kx+C} = e^C e^{kx}$ であるから，$y = \pm e^C e^{kx}$．ここで $\pm e^C$ は 0 以外のすべての数をとるから，これを C とおけば $y = Ce^{kx}$ $(C \neq 0)$．ところで，$y = 0$ は明らかに解で，それは $y = Ce^{kx}$ で $C = 0$ とおいたものと考えられるから，$y = Ce^{kx}$

が求める解である.

解答 6.3 一般に解いたものに条件を代入して，積分定数 C の値を決めます．前問の (3) と同様にして，$y = Ce^{-2x}$ となります．ここで $x = 0$ のとき $y = 3$ ですから，$3 = Ce^0 = C$．したがって $y = 3e^{-2x}$ が求める解です．

解答 6.4 娘核種の原子数を表す

$$N_2(t) = \frac{\lambda_1}{\lambda_2 - \lambda_1} N_{1,0} \left(\frac{1}{e^{\lambda_1 t}} - \frac{1}{e^{\lambda_2 t}} \right) + N_{2,0} \frac{1}{e^{\lambda_2 t}}$$

において，十分時間が経過すると，$\lambda_1 < \lambda_2$ ですから $e^{\lambda_2 t}$ は $e^{\lambda_1 t}$ よりもはるかに大きくなります．したがって $\frac{1}{e^{\lambda_2 t}}$ は $\frac{1}{e^{\lambda_1 t}}$ よりもずっと小さくなります．そこでこれを無視すると（つまり 0 としてしまうと），

$$N_2(t) \fallingdotseq \frac{\lambda_1}{\lambda_2 - \lambda_1} N_{1,0} e^{-\lambda_1 t} = \frac{\lambda_1}{\lambda_2 - \lambda_1} N_1(t)$$

となります．よって，一般に

$$\frac{N_2(t_1)}{N_2(t_2)} \fallingdotseq \frac{N_1(t_1)}{N_1(t_2)}$$

ですから，見かけ上，娘核種の半減期は親核種の半減期と同じです．

解答 6.5 $p(t) = Ce^{qt}$ の C と q を求める問題です．成長率が 2% だから $q = 0.02$．$p(1965) = 3.34 \times 10^9$ より $3.34 \times 10^9 = Ce^{0.02 \times 1965}$．したがって $C = 3.34 \times 10^9 / e^{39.3}$．よって $p(t) = 3.34 \times 10^9 e^{0.02t - 39.3}$．

解答 6.6 これは三次関数の微分の問題です．$p' = \frac{r}{K^2}(K^2 p - p^3)$ を微分すると $p'' = \frac{r}{K^2}(K^2 - 3p^2)$ ですから，$p'' = 0$ となるのは $p = \pm \frac{K}{\sqrt{3}}$ のときです．増減表は

x	$\cdots$	$-\frac{K}{\sqrt{3}}$	$\cdots$	$\frac{K}{\sqrt{3}}$	$\cdots$
p''	$-$	0	$+$	0	$-$
p	↘	極小	↗	極大	↘

ここで $p'(K/\sqrt{3}) = r\left(\frac{K}{\sqrt{3}} - \frac{K}{3\sqrt{3}}\right) = \frac{2Kr}{3\sqrt{3}} = \frac{2\sqrt{3}}{9} rK$ です．よって極値は確かに $x = \frac{K}{\sqrt{3}}$ のとき $\frac{2\sqrt{3}}{9} rK$ です．

解答 6.7 まず $y' + ay = 0$ の解は $y = Ce^{-ax}$．そこで $y = c(x)e^{-ax}$ とおいて問題の方程式に代入すると，$c'(x)e^{-ax} - c(x)ae^{-ax} + ac(x)e^{-ax} = c'(x)e^{-ax} = be^{-\lambda x}$．したがって $c'(x) = \frac{be^{-\lambda x}}{e^{-ax}} = be^{(a-\lambda)x}$．両辺を積分すれば $c(x) = \frac{b}{a-\lambda} e^{(a-\lambda)x} + C$．

よって $y = e^{-ax}\left(\dfrac{b}{a-\lambda}e^{(a-\lambda)x} + C\right)$ です．

解答 6.8 まず $N_1' = -\lambda_1 N_1$ から $N_1 = Ce^{-\lambda_1 t}$．初期条件 $N_1(0) = N_{1,0}$ より，$C = N_{1,0}$ ですから $N_1 = N_{1,0}e^{-\lambda_1 t}$ となります．したがって二番目の方程式は

$$N_2' = \lambda_1 N_{1,0} e^{-\lambda_1 t} - \lambda_2 N_2$$

です．これは前問で $y = N_2$, $x = t$, $a = \lambda_2$, $b = \lambda_1 N_{1,0}$, $\lambda = \lambda_1$ とおいたものですから，前問の結果を利用すれば，

$$N_2 = e^{-\lambda_2 t}\left(\dfrac{\lambda_1 N_{1,0}}{\lambda_2 - \lambda_1}e^{(\lambda_2 - \lambda_1)t} + C\right) = \dfrac{\lambda_1 N_{1,0}}{\lambda_2 - \lambda_1}e^{-\lambda_1 t} + e^{-\lambda_2 t}C$$

となります．ここで初期条件 $N_2(0) = N_{2,0}$ より $N_{2,0} = \dfrac{\lambda_1 N_{1,0}}{\lambda_2 - \lambda_1} + C$ ですから，$C = N_{2,0} - \dfrac{\lambda_1 N_{1,0}}{\lambda_2 - \lambda_1}$ です．これを代入すれば

$$\begin{aligned}N_2 &= \dfrac{\lambda_1 N_{1,0}}{\lambda_2 - \lambda_1}e^{-\lambda_1 t} + e^{-\lambda_2 t}\left(N_{2,0} - \dfrac{\lambda_1 N_{1,0}}{\lambda_2 - \lambda_1}\right)\\ &= \dfrac{\lambda_1}{\lambda_2 - \lambda_1}N_{1,0}(e^{-\lambda_1 t} - e^{-\lambda_2 t}) + N_{2,0}e^{-\lambda_2 t}\end{aligned}$$

が得られます．

索　引
(＊印のついた語は環境に関する用語です)

BOD＊　24, 108

DAIpo＊　49

MSY＊　118

pH＊　13, 34
ppm＊　10

∑　54

あ　行

アイソトープ＊　26
アボガドロ数＊　12
アルカリ性＊　12, 34

イオン反応＊　12
一次関数　4
1 階線形微分方程式　122
因数分解　2
インテグラル　83

上に凸　70
ウラン＊　26

MSY レベル＊　118

音圧レベル＊　44

か　行

壊変＊　26

壊変定数＊　26
核壊変＊　110
核種＊　26, 123
仮数　50
傾き　4
下端　86
環境基準項目＊　24
環境収容力＊　114
関数　3

逆関数　61
　——の導関数　61
極限　56
極小　69
極小値　69
極小点　69
極大　69
極大値　69
極大点　69
極値　69

空気の組成＊　8
グラフ　3
クロロフィル a 濃度＊　38

健康項目＊　24
原始関数　82
原子番号＊　26
減少　68
原子量＊　12
懸垂曲線　29

光合成* 18, 28
合成関数 72
　——の微分法 72

さ 行

最大持続生産量* 118
酸性* 12, 34

指数 8, 14
指数関数 18
　——の導関数 60
指数法則 16
自然数 6
自然対数 46
下に凸 70
実数 6
質量数* 26
指標 50
循環小数 6
上端 86
常用対数 32
常用対数表 50, 52, 53
初期条件 107

水素イオン濃度* 13, 34
水素指数* 13, 34
スティールの式* 28, 78

生活環境項目* 24
正規分布 28, 79
整数 6
成長率* 112
生物化学的酸素要求量* 24, 108
積分する 83
積分定数 83
積分変数 83
積分法 83
接線 56
　——の傾き 58
絶対値 102
全リン濃度* 38

騒音レベル* 44
増加 68
増減表 69

た 行

対数 46
対数関数 32
　——の導関数 60
対数微分法 76
対数法則 40
対数目盛り 36
第2次導関数 70
ダイポ* 49
脱酸素係数* 24, 108
多様度* 48, 54

置換積分法 97
中性* 12

底 32, 46
定数関数 62
定数変化法 123
定積分 86
テイラーの公式 99
展開公式 2
電離* 12
電離平衡* 12

同位体* 26
導関数 59

な 行

内的成長率* 114

二次関数 5

ネーピアの数 22
年代測定* 74, 111

は 行

半減期* 27, 74

被積分関数　83
微分係数　58
微分する　59
微分方程式　104
　——の解　104
　——を解く　104
百万分率*　11
標準偏差　29

フェルプスの式*　108
不定積分　83
部分積分法　96
プルサーマル計画*　26
プルトニウム*　26
分散　29
分子量*　12
分配法則　2

平均値　29
ペラ－トムリンソン*　120
変曲点　71
変数分離型　106

放射性核種*　26, 74
放物線　5

　　　　　ま　行
マグニチュード*　34
マクローリンの公式　100

マルサスの成長モデル*　112

未知関数　104

無限小数　6
無理数　6

面積　90

モル*　12
モル濃度*　12

　　　　　や　行
有機汚濁指数*　49
有限小数　6
有理数　6

　　　　　ら　行
リチャードソンの 4/3 乗則*　15, 36
リミット　56

累乗　8

ロジスティック曲線*　115
ロジスティック方程式*　114, 116

　　　　　わ　行
y 切片　4

著者略歴

小川　束（おがわ　つかね）

1954年　東京都に生まれる
1985年　学習院大学理学部数学大学院博士後期課程中退
現　在　四日市大学環境情報学部教授・学術博士

環境のための数学　　　　　　　　　　　　定価はカバーに表示

2005年 3月20日　初版第1刷
2015年 5月25日　　　　第7刷

著　者　小　川　　　束
発行者　朝　倉　邦　造
発行所　株式会社　朝　倉　書　店

　　　　東京都新宿区新小川町6-29
　　　　郵便番号　162-8707
　　　　電　話　03(3260)0141
　　　　FAX　03(3260)0180
　　　　http://www.asakura.co.jp

〈検印省略〉

© 2005〈無断複写・転載を禁ず〉　　　中央印刷・渡辺製本

ISBN 978-4-254-18020-6　C 3040　　Printed in Japan

JCOPY ＜(社)出版者著作権管理機構 委託出版物＞

本書の無断複写は著作権法上での例外を除き禁じられています．複写される場合は，そのつど事前に，(社)出版者著作権管理機構（電話 03-3513-6969，FAX 03-3513-6979, e-mail: info@jcopy.or.jp）の許諾を得てください．

好評の事典・辞典・ハンドブック

火山の事典（第2版）	下鶴大輔ほか 編　B5判 592頁
津波の事典	首藤伸夫ほか 編　A5判 368頁
気象ハンドブック（第3版）	新田 尚ほか 編　B5判 1032頁
恐竜イラスト百科事典	小畠郁生 監訳　A4判 260頁
古生物学事典（第2版）	日本古生物学会 編　B5判 584頁
地理情報技術ハンドブック	高阪宏行 著　A5判 512頁
地理情報科学事典	地理情報システム学会 編　A5判 548頁
微生物の事典	渡邉 信ほか 編　B5判 752頁
植物の百科事典	石井龍一ほか 編　B5判 560頁
生物の事典	石原勝敏ほか 編　B5判 560頁
環境緑化の事典	日本緑化工学会 編　B5判 496頁
環境化学の事典	指宿堯嗣ほか 編　A5判 468頁
野生動物保護の事典	野生生物保護学会 編　B5判 792頁
昆虫学大事典	三橋 淳 編　B5判 1220頁
植物栄養・肥料の事典	植物栄養・肥料の事典編集委員会 編　A5判 720頁
農芸化学の事典	鈴木昭憲ほか 編　B5判 904頁
木の大百科［解説編］・［写真編］	平井信二 著　B5判 1208頁
果実の事典	杉浦 明ほか 編　A5判 636頁
きのこハンドブック	衣川堅二郎ほか 編　A5判 472頁
森林の百科	鈴木和夫ほか 編　A5判 756頁
水産大百科事典	水産総合研究センター 編　B5判 808頁

価格・概要等は小社ホームページをご覧ください．